"十四五"职业教育国家规划教材

U0453713

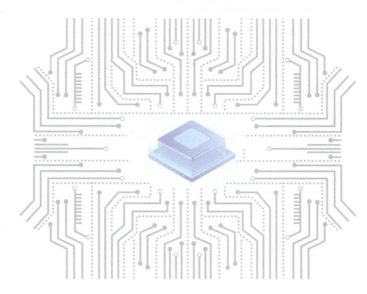

DANPIANJI C YUYAN
CHENGXU SHEJI JI FANGZHEN

单片机C语言
程序设计及仿真

◆ 主　编／陈　伟　白红霞　刘德友

副主编／黎红兵　黄　勇　杨林林　周茂义

编　者／张正健　吴　围　倪元兵　刘　羽　吴春燕　马　丽

　　　　冯华英　袁　野　燕治会　吴洪波　蒲　业　周诗明

　　　　魏　斌　李建勇

重庆大学出版社

图书在版编目（CIP）数据

单片机C语言程序设计及仿真 / 陈伟, 白红霞, 刘德友
主编. –– 重庆 : 重庆大学出版社, 2021.7（2025.8重印）
ISBN 978-7-5689-2518-1

Ⅰ. ①单… Ⅱ. ①陈… ②白… ③刘… Ⅲ. ①单片机—中
等专业学校—教材 Ⅳ. ①TD368.1

中国国家版本馆CIP数据核字(2020)第126548号

中等职业教育电子类专业系列教材

单片机C语言程序设计及仿真

主　编　陈　伟　白红霞　刘德友
副主编　黎红兵　黄　勇　杨林林　周茂义
责任编辑：章　可　　版式设计：叶抒扬
责任校对：谢　芳　　责任印制：赵　晟

*

重庆大学出版社出版发行

社址：重庆市沙坪坝区大学城西路21号

邮编：401331

电话：（023）88617190　88617185（中小学）

传真：（023）88617186　88617166

网址：http://www.cqup.com.cn

邮箱：fxk@cqup.com.cn（营销中心）

全国新华书店经销

重庆永弛印务有限公司印刷

*

开本：787mm×1092mm　1/16　印张：13.75　字数：336千
2021年7月第1版　　2025年8月第3次印刷
ISBN 978-7-5689-2518-1　定价：59.00元

前　言

　　单片机技术是现代工业智能制造、电子电气、通信及物联网等领域的一门主流技术，随着人们生活及生产方式的自动化、智能化程度越来越高，单片机技术已经融入人们生活的每个角落，被广泛应用于仪器仪表、家用电器、医疗设备、航空航天等领域。同时单片机技术也是学习 ARM 嵌入式系统、FPGA 设计等更高阶技术的一个基础。

　　本书以《国家职业教育改革实施方案》为依据，融合职业技能大赛、1+X 职业技能等级证书所涉及的单片机知识和技能，针对现阶段中职学生的实际情况，通过多次调查和多方研讨后编写而成。本书面向初学者（中职学生），借助不同的项目，结合 Proteus 软件仿真、单片机开发板实际操作演示，由浅入深地讲解单片机技术。全书包括项目一认识单片机及电路、项目二使用单片机开发软件、项目三单片机控制发光二极管、项目四单片机控制数码管、项目五单片机控制按键、项目六单片机控制 LED 点阵显示、项目七单片机控制液晶显示、项目八单片机控制温度传感器、项目九单片机控制步进电机。

　　本书具有以下突出特点：

　　1. 内容紧扣当前的职业能力需求和职业教育新理念。本书打破以往的单片机技术教材的学科体系和详细讲解理论知识内容的情况，本着"实用、使用、够用"的原则，将理论与操作仿真融为一体，以项目为载体，很好地适应理实一体化的"做中学，学中做"教学模式。本书摒弃了学生学习困难和工作中不常用到的理论知识，并结合企业新工艺、新技术，凸显实用性。

　　2. 本书采用了"项目—任务"的编写结构。全书以项目为载体，以任务为驱动。注重任务操作的规范性、安全性，教学中有具体的过程指导与学习激励评价，以助推教学效果。

　　3. 编写体例新颖，本书采用虚拟仿真和实物操作相结合的形式，能激发学生自主学习的兴趣，培养学生编程和解决实际问题的能力。

　　4. 内容呈现形式多样化。本书采用图、表、字相结合的形式，避免内容形式单一、枯燥，具有较强的可读性，能够提高学生的学习兴趣，从而提高学习效率。

　　5. 评价方式多样化。采用学生自评、小组评价、教师评价多种评价方式，对学习态度、学习过程、学习结果、职业素养等内容进行全面评价。

　　6. 教学资源丰富。书中主要任务都配有软件仿真及单片机开发板操作的视频，可直接扫码观看。本书配备了教学设计、电子课件（PPT）及程序仿真源文件，方便教师教学和读者自主学习，可在重庆大学出版社官网（www.cqup.com.cn）上下载。

7. 深化课程思政。每个项目的开头都有关于中国科技进步、中华优秀传统文化、乡村振兴等课外阅读内容，以二维码的形式呈现。拓展学生的视野，树立正确的价值观、人生观和世界观，实现全方位育人的目的。

8. 校企联合开发。重庆明顾创修客科技有限公司的两位企业专家魏斌、李建勇参与了教材整体结构的设计，并提供了典型工作任务的案例和相关资料。

本书由陈伟、白红霞、刘德友担任主编，黎红兵、黄勇、杨林林、周茂义担任副主编。陈伟负责制订编写提纲、样章并统稿。项目一由倪元兵、刘羽编写；项目二由吴春燕、燕治会、周茂义编写；项目三由陈伟、白红霞编写；项目四由马丽、黎红兵编写；项目五由吴围、蒲业、杨林林编写；项目六由陈伟、刘德友编写；项目七由袁野、黄勇编写；项目八由张正健、吴洪波编写；项目九由冯华英、周诗明编写。

本书可作为中职学校电子信息技术、电子技术应用、机电一体化等专业的教材，还可作为广大电子技术爱好者的学习用书。由于编者水平有限，书中难免存在疏漏，在此恳请读者和有识之士给予批评指正。

本书属于重庆市教育科学"十四五"规划 2021 年度重点课题"课堂革命下重庆中职信息技术'三教'改革路径研究"（课题批准号：2021-00-285，主持人：周宪章）和重庆市 2022 年职业教育教学改革研究重大项目"职业教育中高本一体化人才培养模式研究与实践"（项目批准号：ZZ221017，主持人：周宪章）的成果之一。

编　者

2023 年 6 月

目　录

项目一　认识单片机及电路

　　任务一　认识单片机 …………………………………… 1

　　任务二　认识单片机电路 ……………………………… 6

项目二　使用单片机开发工具

　　任务一　使用 Keil 软件 ………………………………… 11

　　任务二　使用 Proteus 软件 …………………………… 19

　　任务三　使用单片机开发板 …………………………… 27

项目三　单片机控制发光二极管

　　任务一　点亮 LED 灯 …………………………………… 30

　　任务二　制作 LED 闪烁灯 ……………………………… 36

　　任务三　制作 LED 流水灯 ……………………………… 44

项目四　单片机控制数码管

　　任务一　控制数码管静态显示 ………………………… 57

　　任务二　控制数码管动态显示 ………………………… 66

　　任务三　制作数码管电子秒表 ………………………… 75

项目五　单片机控制按键

　　任务一　制作电子开关 ………………………………… 88

　　任务二　制作按键计数器 ……………………………… 96

任务三　制作数码管简易计算器 ………………………………………… 104

项目六　单片机控制 LED 点阵显示

　　任务一　控制 LED8*8 点阵显示数字 ………………………………… 118

　　任务二　控制 LED16*16 点阵显示汉字 ……………………………… 125

　　任务三　制作电子广告牌 ……………………………………………… 134

项目七　单片机控制液晶显示

　　任务一　控制 LCD1602 液晶显示 …………………………………… 141

　　任务二　制作 LCD12864 电子日历 ………………………………… 150

项目八　单片机控制温度传感器

　　任务一　控制模拟温度传感器 LM35 ………………………………… 166

　　任务二　制作电子体温计 ……………………………………………… 177

项目九　单片机控制步进电机

　　任务一　控制步进电机的基本运行 …………………………………… 187

　　任务二　制作升降机 …………………………………………………… 195

附录

　　附录一　单片机技能大赛训练试题 …………………………………… 202

　　附录二　"1+X"物联网单片机应用与开发职业技能等级证书考试模拟题 206

　　附录三　单片机系统开发流程 ………………………………………… 211

项目一
认识单片机及电路

项目描述

　　随着电子技术的发展，生产生活中的电器设备的智能化程度越来越高，如智能洗衣机、智能冰箱、智能电视等，其中的控制系统主要由单片机构成。本项目主要学习单片机的基础知识。本项目共分为两个任务：任务一认识单片机；任务二认识单片机电路。通过以上任务的学习，让学生明确单片机的基本结构及应用，为后续内容的学习打下基础。

任务一　认识单片机

任务目标 ✎

◎ 知识目标：能描述单片机的概念及发展历史；
　　　　　　能描述单片机的基本结构。
◎ 技能目标：能辨别常见类型的单片机；
　　　　　　会查阅不同类型单片机的使用说明书。
◎ 素养目标：激发学生的责任意识和探索求知欲；
　　　　　　培养学生的爱国情怀和科技创新精神。

任务描述 ✎

　　本任务主要学习单片机的发展历史、应用领域和结构，认识各种类型的单片机。

任务实施 ✎

　　一、什么是单片机

　　在我们的生活、生产以及工作中，很多设备及工作都要用到单片机，那么什么是单片机呢？

　　把计算机中的中央处理器（CPU）、存储器、接口电路集成在一块半导体硅片上，使其具有微型计算机的属性，即为单片微型计算机，简称单片机。另外，由于单片机的体积、结构和功能特点，在实际应用中可以完全融入应用系统中，故也称为嵌入式微控制器（Embedded Micro-Controller）。单片机实物如图 1-1-1 所示。

图 1-1-1　单片机

二、单片机的发展历史

将 8 位单片机的推出作为起点，单片机的发展历史大致可分为以下几个阶段：

第一阶段（1976—1977 年）：单片机的探索阶段。以 Intel 公司的 MCS 为代表。MCS-48 的推出是以工控领域的探索为目的，参与这一探索的公司还有 Freescale、Zilog 等，它们都取得了满意的效果。

第二阶段（1978—1982 年）：单片机的完善阶段。Intel 公司在 MCS-48 的基础上推出了完善的、典型的单片机系列 MCS-51，它在以下几个方面奠定了典型的通用总线型单片机体系。

① 完善的外部总线 MCS-51 设置了经典的 8 位单片机的总线结构，包括 8 位数据总线、16 位地址总线、控制总线及具有多机通信功能的串行通信接口。

② CPU 外围功能电路的集中管理模式。

③ 体现工控特性的位地址空间及位操作方式。

④ 指令系统趋于丰富和完善，并且增加了许多突出控制功能的指令。

第三阶段（1983—1990 年）：8 位单片机的巩固发展及 16 位单片机的推出阶段，也是单片机向微控制器发展的阶段。Intel 公司推出的 MCS-96 系列单片机将一些用于测控系统的模/数转换器、程序运行监视器、脉宽调制器等纳入单片机中，体现了单片机的微控制器特征。随着 MCS-51 系列的广泛应用，许多电气厂商竞相使用 80C51 为内核，将许多测控系统中使用的电路技术、接口技术、多通道 A/D 转换部件、可靠性技术等应用到单片机中，增强了外围电路的功能，强化了智能控制的特征。

第四阶段（1990 年至今）：微控制器的全面发展阶段。随着单片机在各个领域全面深入的发展和应用，出现了高速、大寻址范围、强运算能力的 8 位/16 位/32 位通用型单片机以及小型廉价的专用型单片机。

三、单片机的分类

单片机按用途可分为两类：专用型单片机和通用型单片机。

专用型单片机用途专一，内部程序在出厂时已经固化，不能被再次修改，如电子表里的单片机，其生产成本很低。

通用型单片机的用途很广泛，程序可以不断修改，能根据需要给此类单片机植入不同的程序，配合不同接口的输入端和输出端来完成所需功能。通用型单片机按位数分为 4 位单片机、8 位单片机、16 位单片机和 32 位单片机等。

四、单片机的应用范围

在信息化、智能化高速发展的时代，单片机以体积小、功耗低、控制功能强等优势走进了人们生活的各个领域。

1. 在智能仪器仪表上的应用

利用各种传感器，单片机可实现电压、湿度、温度、压力等物理量的测量。采用单片机控制使仪器仪表更加数字化、智能化、微型化，且功能更加强大，如测量设备、功率计、温湿度计、各种分析仪。

2. 在工业控制中的应用

工业自动化控制是最早采用单片机控制的领域之一，如各种测控系统、过程控制、机电一体化、PLC 等在化工、建筑、冶金等各种工业领域都要用单片机进行控制。

3. 在医疗设备中的应用

单片机在医用设备中的用途也相当广泛，如医用呼吸机、分析仪、监护仪、超声诊断设备及病床呼叫系统。

4. 在汽车设备中的应用

现代汽车的集中显示系统、动力监测控制系统、自动驾驶系统、通信系统和运行监视器（黑匣子）等都离不开单片机。

5. 在计算机网络和通信领域中的应用

现在的单片机普遍具备通信接口，可以很方便地与计算机进行数据通信。现在的通信设备基本上都实现了单片机智能控制，如小型程控交换机、楼宇自动通信呼叫系统、列车无线通信系统、移动电话、无线电对讲机等。

6. 在家用电器中的应用

各种家用电器普遍采用单片机智能化控制代替传统的电子线路控制，如洗衣机、空调、电视、微波炉、电冰箱、电饭煲及各种视听设备等。

此外，单片机在工商、金融、科研、教育、国防、航天航空等领域都有着十分广泛的用途。

五、 单片机的内部结构

单片机的内部结构框图如图 1-1-2 所示。

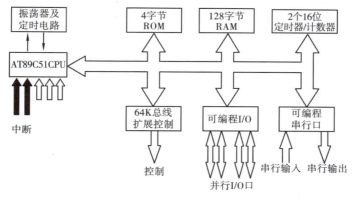

图 1-1-2　单片机的内部结构框图

1. 中央处理器

中央处理器也称微处理器，是单片机的核心部件，即单片机的控制和指挥中心。它包括运算器和控制器。

● 运算器可以对数据进行算术运算、逻辑运算和位操作运算。运算器包括算术逻辑运算单元（ALU）、累加器（A）、通用寄存器、暂存器、程序状态字寄存器（PSW）等。

● 控制器由程序计数器（PC）、指令寄存器（IR）、指令译码器（ID）、振荡器及定时电路组成。

2. 存储器

单片机存储器一般分为两种：程序存储器（ROM）、数据存储器（RAM）。

● 程序存储器用于存储程序、表格及原始数据等，可在线编写程序，掉电后数据保持不变。

● 数据存储器用于存放运算中间结果、最终结果或显示的数据等，其数据可随时改写，掉电后数据消失。

3. 定数 / 计数器

单片机有两个 16 位的定时 / 计数器。

4. 并行端口

单片机有 4 组 8 位并行准双向 I/O 端口，分别为 P0、P1、P2 和 P3，共占 32 个引脚。每个端口均包含一个端口锁存器（特殊功能寄存器 P0 ~ P3）、一个输出驱动器和输入缓冲器。每个端口可以将 8 条线一起用作 I/O 端口线传输字节信息，也可以将每一根 I/O 端口单独使用。对端口锁存器进行读 / 写就可以实现端口的输入输出。

（1）P0 端口的使用

P0 端口可作为通用的 8 位输入 / 输出端口使用。在单片机外接扩展存储器时，它还可以作为分时复用的低 8 位地址 / 数据总线使用，此时高 8 位地址总线由 P2 端口担任。P0 端口的每一位可驱动 8 个 TTL 负载。

> ★注意★
>
> P0 端口作为通用输出口，需上接上拉电阻才能输出电平；
>
> P0 端口作为通用输入口，分为读锁存器和读端口两种情况，在读端口引脚数据前，应先向端口锁存器写入 1。

（2）P1 端口的使用

P1 端口作为通用的输入 / 输出端口，内部有上拉电阻，不需外接电阻。当从端口引脚读入数据时，应先向端口写入 1，再读引脚数据。P1 端口每一位可驱动 4 个 TTL 负载。P1 端口还有一些第二功能，见表 1-1-1。

表 1-1-1   P1 端口各引脚的第二功能

引脚号	第二功能
P1.0	MCS-52 系列 T2（定时器 / 计数器的外部计数输入），时钟输出。而 MCS-51 系列单片机无此功能
P1.1	MCS-52 系列 T2EX（定时器 / 计数器 T2 的捕捉 / 重载触发信号和方向控制）。而 MCS-51 系列单片机无此功能
P1.5	MOSI（指令输入）
P1.6	MISO（数据输入）
P1.7	SCK（时钟输入）

（3）P2 端口的使用

P2 端口可作为通用的 8 位输入 / 输出端口使用。在单片机外接扩展存储器时，它还可以作为高 8 位地址总线，与 P0 端口的低 8 位地址总线一起形成 16 位 I/O 端口地址。P2 的每一位端口可驱动 4 个 TTL 负载。

P2 端口可作为通用 I/O 端口使用时，不需要外接上拉电阻，读引脚状态前，应先向端口写入 1。

（4）P3 端口的使用

P3 端口是单片机中使用最灵活、功能最多的一个并行端口，它具有通用的输入 / 输出功能，还具有多种用途的第二功能，见表 1-1-2。

P3 端口可作为通用 I/O 端口使用时，不需要外接上拉电阻，读引脚状态前，应先向端口写入 1。

表 1-1-2 P3 端口各引脚的第二功能

引脚号	第二功能	引脚号	第二功能
P3.0	RXD（串行输入）	P3.4	T0（定时器 0 外部输入）
P3.1	TXD（串行输出）	P3.5	T1（定时器 1 外部输入）
P3.2	$\overline{INT0}$（外部中断 0 输入）	P3.6	$\overline{WR}$（外部数据存储器写选通）
P3.3	$\overline{INT1}$（外部中断 1 输入）	P3.7	$\overline{RD}$（外部数据存储器写选通）

学习评价与总结

一、学习评估

评价内容		自 评	小组评价	教师评价
		优☆ 良△ 中√ 差 ×		
知识与技能	① 能描述单片机的概念及组成			
	② 能描述单片机的发展历程			
	③ 能描述单片机的分类			
	④ 能描述单片机的应用			
职业素养	① 具有安全用电意识			
	② 安全操作设备			
	③ 笔记记录完整准确			
	④ 符合"6S"管理理念			
综合评价				

二、学习总结

（1）你的收获有哪些？

（2）你还有哪些知识没有掌握好？

任务检测

一、填空题

1. 单片机主要由_____、_____、_____、_____、_____、_____、_____和_____组成。

2. 单片机按位数可以分为_____、_____、_____、_____等。

3. 单片机按用途可以分为_____和_____。

4. 单片机的核心部件是_____。

5. 运算器可以对数据进行_____、_____和_____。

6. 存储器包含_____和_____。

7. P2 的每一位端口可驱动_____个 TTL 负载。

8. 控制器由_____、_____、_____、_____和_____组成。

9. 单片机有 4 组 8 位并行准双向 I/O 端口，分别为_____、_____、_____、和_____，共占_____个引脚。

二、判断题

1. 单片机有两个 32 位的定时 / 计数器。 （　　）

2. P0 端口只作为通用的 8 位输入端口使用。 （　　）

3. 程序存储器用于存储程序、表格及原始数据等，不能在线编写程序，掉电后数据会发生变化。 （　　）

4. 专用型单片机用途专一，内部程序在出厂时已经固化，不能被再次修改。 （　　）

5. P1 端口常作为通用的输入 / 输出端口，内部有上拉电阻，需要外接电阻。 （　　）

任务二　认识单片机电路

任务目标 🖉

◎知识目标：能描述 AT89C51 单片机各引脚的功能；
　　　　　　能描述单片机各电路的结构。

◎技能目标：能辨别单片机各电路的功能；
　　　　　　能绘制单片机复位电路；

◎素养目标：培养学生热爱科学、勇于探索的精神；
　　　　　　培养学生的创新意识和社会责任感。

任务描述 🖉

本任务主要是学习单片机各引脚的功能，认识单片机的最小系统电路。

任务实施 🖉

一、单片机的引脚功能

单片机引脚分布如图 1-2-1 所示。

1. 电源引脚 VCC 和 VSS

● VCC（40 脚）：电源端，接 +5 V。

● VSS（20 脚）：接地端，有的单片机标志为 GND。

2. 外接晶体振荡器引脚

● XTAL1（19 脚）：接外部晶体振荡器和微调电容的一端，在单片机内接振荡电路反相放大器的输入端。当采用外部时钟时，此引脚作为外部时钟信号的输入端。

● XTAL1（18 脚）：接外部晶体振荡器和微调电容的另一端，在单片机内接振荡电路反相放大器的输出端。当采用外部时钟时，此引脚悬空。

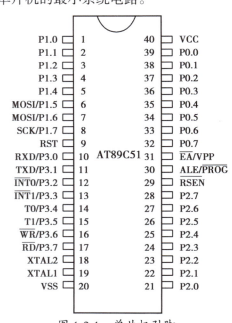

图 1-2-1　单片机引脚

3. 控制信号引脚 RST、$\overline{\text{PSEN}}$、ALE/$\overline{\text{PROG}}$、$\overline{\text{EA}}$/VPP

- RST（9 脚）：复位信号输入端，高电平有效。当此输入端保持两个机器周期的高电平时，就可以完成单片机的复位操作。
- $\overline{\text{PSEN}}$（29 脚）：外部程序存储器选通信号。
- ALE/$\overline{\text{PROG}}$（30 脚）：地址锁存允许信号输出 / 编程脉冲输入端。
- $\overline{\text{EA}}$/VPP（31 脚）：内部与外部程序存储器选择端 / 片内 Flash ROM 编程电压输入端。

当 $\overline{\text{EA}}$ 引脚接高电平时，CPU 只执行内部程序存储器 Flash ROM 中的指令。

当 $\overline{\text{EA}}$ 引脚接低电平时，CPU 只执行外部程序存储器中的指令。

4. 输入 / 输出端口

用来连接单片机和外部设备，实现数据的输入 / 输出。

P0 端口：P0.0—P0.7（39 脚—32 脚）；

P1 端口：P1.0—P1.7（1 脚—8 脚）；

P1 端口：P2.0—P2.7（28 脚—21 脚）；

P3 端口：P3.0—P3.7（10 脚—17 脚）。

二、单片机的电路

单片机的最小硬件系统是能使单片机正常工作的最小硬件单元。其由电源电路、时钟电路和复位电路组成。

1. 电源电路

单片机电源电路的连接方式如图 1-2-2 所示。

AT89C51 单片机的工作电压范围为：4.0 ~ 4.5 V，通常其外接直流电源为 +5 V。

2. 时钟电路

CPU 在执行指令时所需控制信号的时间顺序称为单片机时序。在执行指令时，CPU 首先从程序存储器中取出需要执行指令的指令码存入指令寄存器，通过指令寄存器对其译码，并由时序部件产生一系列的时钟信号去完成指令的执行。这些指令控制信号在时间上的相互关系就是 CPU 时序。单片机通过时钟电路产生时序。

单片机时钟信号有两种方式：内部振荡方式、外部时钟方式。内部振荡方式的时钟电路原理图如图 1-2-3 所示。

图 1-2-2　电源电路　　　　　　　　图 1-2-3　时钟电路

单片机的引脚 XTAL1（19 脚）、XTAL2（20 脚）外接石英晶体振荡器，与单片机内部的反向放大器就构成了内部振荡方式。振荡频率一般为 12 MHz 和 11.059 2 MHz。

在图 1-2-3 中，电容 C1、C2 起稳定振荡频率、快速起振的作用，一般取值 20 ~ 40 pF。内部振荡方式所得的时钟信号比较稳定，因此被广泛采用。

常用晶体振荡器的外形如图 1-2-4 所示。

图 1-2-4 常用晶体振荡器

★注意★

时钟电路振荡频率 f_{osc} = 晶振频率；

时钟电路振荡周期 = $1/f_{osc}$；

单片机机器周期 = 振荡周期 × 12。

例：

晶振频率 = 12 MHz   振荡频率 = 12 MHz

振荡周期 = 1/12 μs   机器周期 = 1 μs

3. 复位电路

单片机的复位电路产生复位信号，其复位目的是使单片机从固定的初始状态开始工作，完成单片机的"启机"过程。AT89C51 单片机复位信息是高电平有效，通过 RST（9脚）输入。AT89C51 单片机复位分为上电复位、手动复位和混合复位。

（1）上电复位

上电复位要求接通电源后，自动实现复位操作，如图 1-2-5 所示。

（2）手动复位

手动复位要求在电源接通的情况下，用按钮开关操作使单片机复位，如图 1-2-6 所示。

（3）混合复位电路

将上电复位电路和手动复位电路结合到一起就构成混合复位电路，如图 1-2-7 所示。现在的单片机通常使用的都是混合复位电路。

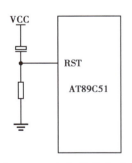

图 1-2-5 上电复位电路

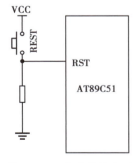

图 1-2-6 手动复位电路

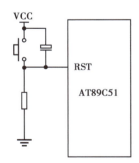

图 1-2-7 混合复位电路

学习评价与总结 ✐

一、学习评估

评价内容		自　评	小组评价	教师评价
		优☆　良△　中√　差×		
知识与技能	① 能描述单片机的引脚功能			
	② 能描述单片机的组成电路			
	③ 能认识单片机最小硬件系统电路			
职业素养	① 具有安全用电意识			
	② 安全操作设备			
	③ 笔记记录完整准确			
	④ 符合"6S"管理理念			
综合评价				

二、学习总结

（1）你的收获有哪些？

（2）你还有哪些知识没有掌握好？

任务检测 ✐

一、填空题

1. 单片机最小硬件系统包含_____、_____和_____。

2. 单片机时钟电路中的电容起_____作用。

3. 复位电路分为_____、_____和_____。

4. 单片机时钟信号分为_____和_____。

5. 单片机的复位电路产生_____。

6. 复位引脚是复位信号输入端，_____有效。

7. 手动复位要求在_____的情况下，用_____操作使单片机复位。

8. 单片机通过_____产生时序。

9. 单片机电源电压一般为_____。

10. 振荡电路中的电容起_____作用。

二、判断题

1. 数据存储器不可以进行读写操作。　　　　　　　　　　　　　　　　（　　　）

2. 程序存储器具有只读特性，无法改写。　　　　　　　　　　　　　　（　　　）

3. 单片机 I/O 端口都具有输入输出功能。　　　　　　　　　　　　　　（　　　）

4. 单片机的复位电路产生复位信号，其目的是使单片机从固定的初始状态开始工作。

（　　　）

5. 上电复位在任何情况下都能自动实现复位操作。　　　　　　　　　　（　　　）

三、综合题

1. 单片机时钟电路的作用是什么？

2. 单片机最小硬件系统的基本组成包含几部分？其作用是什么？

四、绘图题

按照 AT89C51 单片机的引脚顺序，画出单片机最小系统的硬件组成电路图。

项目二
使用单片机开发工具

项目描述 ....

随着单片机开发技术的不断发展，当前的单片机开发中除必要的硬件外，更离不开软件。本项目主要学习单片机开发软件 Keil uVision4（以下简称 Keil）和 Proteus。该项目共分为两个任务：任务一使用 Keil 软件；任务二使用 Proteus 软件。通过以上任务的学习，让学生掌握单片机开发与仿真的基本方法。

任务一　使用 Keil 软件

任务目标 🖉

◎知识目标：能描述 Keil 软件的基本配置要求；
　　　　　　能描述使用 Keil 软件进行单片机编译的操作流程。
◎技能目标：能对 Keil 软件进行基本配置和操作；
　　　　　　会建立工程、源文件；
　　　　　　会进行简单的工程设置；
　　　　　　会对源文件进行编译和连接，生成目标文件。
◎素养目标：培养学生规范操作、根据实际情况配置软件的习惯；
　　　　　　培养学生的"6S"素养。

任务描述 🖉

在 E 盘建立名为"new1"的工程文件，建立"new1"源文件，工程设置、编译和连接，生成目标文件。

知识链接 🖉

一、Keil 软件简介

Keil 软件是目前最流行的开发 51 系列单片机的软件，支持 C 语言和汇编语言。

Keil C51 是美国 Keil Software 公司出品的 51 系列兼容单片机 C 语言软件开发系统。Keil 提供了包括 C 编译器、宏汇编、连接器、库管理和一个功能强大的仿真调试器等在内的完整开发方案，通过一个集成开发环境（uVision）将这些部分组合在一起。运行 Keil 软件需要 Windows 98 以上版本的操作系统。如果使用 C 语言编程，那么 Keil 几乎是不二之选，即使不使用 C 语言而仅用汇编语言编程，其方便易用的集成环境、强大的软件仿真调试工具也会令用户事半功倍。Keil 经过改进已经推出了多个版本。但是操作方法大同小异，以下以 Keil uVision4 为例讲解如何使用 Keil 软件，Keil uVision4 软件的启动画面如图 2-1-1 所示。

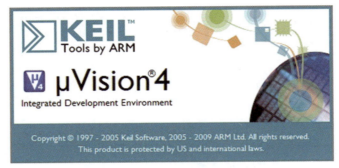

图 2-1-1　Keil uVision4 软件启动画面

二、Keil 软件界面

Keil 软件的主界面如图 2-1-2 所示。

- 标题栏：显示当前编译的文件。
- 菜单栏：有 11 项菜单可供选择，相应的操作命令均可在这些菜单中查找。
- 工具栏：常用命令的快捷图标按钮。
- 管理窗口：显示工程文件的项目、各个寄存器值的变化、参考资料等。
- 信息窗口：显示当前文件编译、运行等相关信息。当代码有语法错误时，可以在这里轻松找出问题。
- 工作窗口：各种文件的显示窗口。源文件的编写就在此进行。

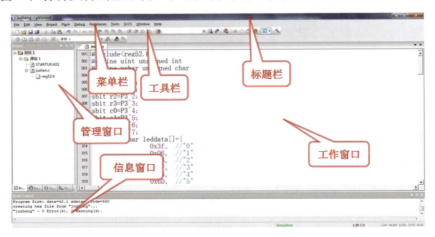

图 2-1-2　Keil 软件主界面

三、Keil 软件配置的设置

Keil 软件有默认的基本配置，一般情况下可以不用修改，但每个人的使用习惯不同，也可以在建立工程和编写程序之前进行个性化的配置来使软件更适合自己使用，下面以设置系统字体和颜色为例讲解配置的设置。

选择"Edit"→"Configuration..."命令或单击工具栏中的快捷图标打开"Configuration（配置）"对话框，如图 2-1-3 所示。

"Configuration"对话框中有 6 个选项卡，分别为 Editor（编辑）、Colors & Fonts（颜

色和字体）、User Keywords（用户关键字）、Shortcut Keys（快捷键）、Templates（模板）、Other（其他）。只需要选择"Colors & Fonts"选项卡，再进行相应设置即可，如图 2-1-4 所示。

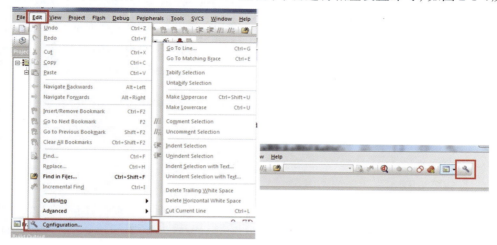

图 2-1-3　打开"Configuration"对话框

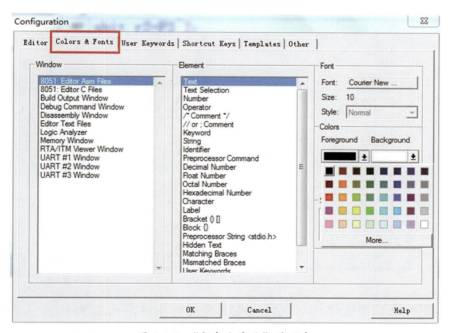

图 2-1-4　"颜色和字体"选项卡

任务实施

一、建立文件夹

在 E 盘创建一个名为"new1"的文件夹。注意：要养成一个习惯，先建立一个空文件夹，以便将工程文件放到文件夹里面，避免和其他文件混合。

二、创建工程

打开软件后，在软件界面选择"Project"→"New uVision Project"命令新建一个名为"new1"的工程，将其保存到刚才建立的"new1"文件夹里，如图 2-1-5 所示。

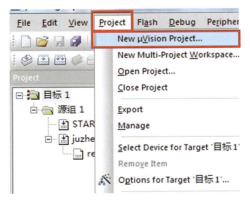

图 2-1-5　新建工程

三、选择单片机型号

① 保存完工程文件后会立即弹出一个对话框，这个对话框要求选择目标 CPU（即所用芯片的型号），Keil 支持的 CPU 有很多，单击 "ATMEL" 前面的 "+" 号，展开该层，单击其中的 AT89C51，如图 2-1-6 所示，然后再单击 "OK" 按钮。

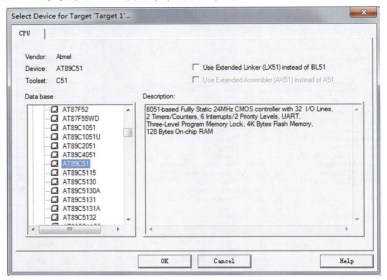

图 2-1-6　选择单片机类型

② 在选择 MCU 型号后，软件会提示是否要复制 8051 启动文件到这个工程中。单击 "是" 按钮，即把 8051 启动文件 "STARTUP.A51" 添加到工程里面了，如图 2-1-7 所示。

图 2-1-7　复制文件到工程

四、新建源程序文件

① 选择 "File" → "New" 命令，或者单击工具栏的 "新建文件" 按钮，就可以在项

目窗口的右侧打开一个新的文本编辑窗口，如图 2-1-8 所示。

② 建好程序文件后必须立即保存，可直接单击工具栏上的"保存"按钮；或选择"Feil"→"Save"命令；或选择"Feil→Save As..."命令。

③ 文件命名时，源文件名和工程名一般一致，这样便于管理，源文件后缀名为 .asm 或 .c，其中 .asm 代表建立的是汇编语言源文件，.c 代表建立的是 C 语言源文件，这里使用 C 语言编程，因此后缀名为 .c，如图 2-1-9 所示，保存为"new1.c"源程序文件。

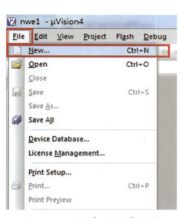

图 2-1-8 新建源程序文件

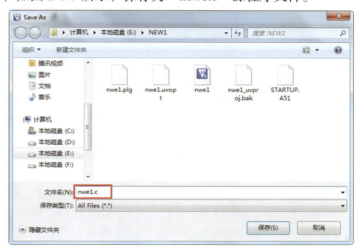

图 2-1-9 保存源程序文件

五、将源程序文件添加到工程

① 刚建好的源文件和工程其实是相互独立的，一个单片机工程需要将源文件和工程联系到一起。单击软件界面左上角管理窗口的"Source Group1"，然后单击鼠标右键，弹出下拉菜单，选择其中的"Add Files to Group Source Group 1..."命令，如图 2-1-10 所示。

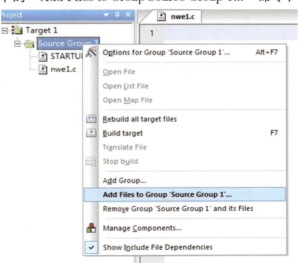

图 2-1-10 添加源文件到工程

② 打开添加源文件对话框，如图 2-1-11 所示。注意：该对话框中的"文件类型"默认为" C source file（*.c ）"，也就是以 .c 为扩展名的文件。

③ 默认路径是刚才保存源程序文件的文件夹，选中"new1.c"，单击"Add"按钮，添加完成。单击"Close"按钮关闭对话框，进入软件主界面。此时，单击管理窗口中"Source Group 1"前面的 + 号会看到"new1.c"文件已经添加进去，如图 2-1-12 所示。

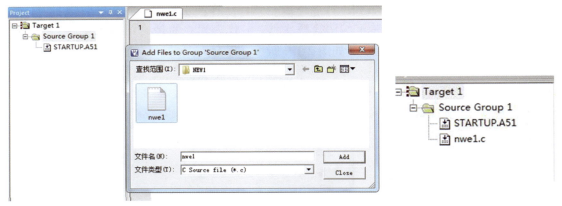

图 2-1-11　添加源文件对话框　　　　　　　图 2-1-12　源文件已加入工程

六、源文件编译、连接

源文件就是一般的文本文件，不一定使用 Keil 软件编写，可以使用任意文本编辑器编写。图 2-1-13 所示是用 C 语言编写完毕的源程序代码，下面进行编译。

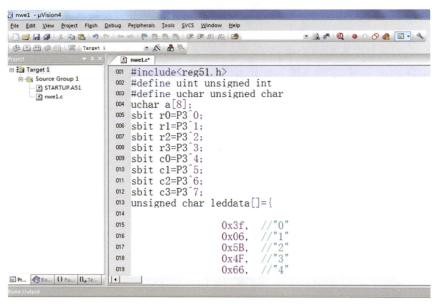

图 2-1-13　编写完毕的源程序文件界面

① 若是第一次编译，在编译之前要单击工具栏中的 图标，出现如图 2-1-14 所示界面，这是工程设置的对话框。这个对话框非常复杂，共有 8 个选项卡，要全部搞清楚不容易，好在绝大部分设置项取默认值就行了。

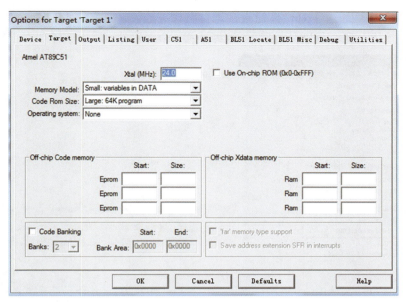

图 2-1-14 工程设置

② 如果要做硬件实验，需要对 "Output" 选项卡进行设置，勾选 "Creat HEX File" 选项，此项用于生成可执行代码文件（可以用编程器写入单片机芯片的 hex 格式文件，文件的扩展名为 .hex），默认情况下该项未被选中，选中此项后编译时才能生成程序代码 .hex 文件，供用户下载到单片机里，如图 2-1-15 所示。

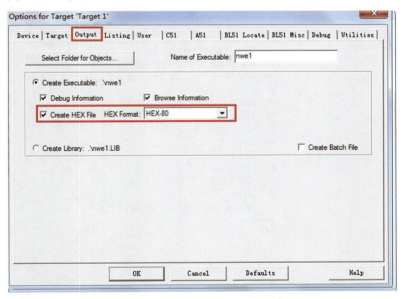

图 2-1-15 设置 Output 选项卡

③ 选择 "Project" → "Build target" 命令，对当前工程进行连接，如果当前文件已修改，软件会先对该文件进行编译，然后再连接以产生目标代码，如图 2-1-16 所示。

还有一种方式是通过工具栏按钮直接进行编译、连接。如图 2-1-17 所示为编译、设置的工具栏按钮，从左到右分别是：编译、编译连接、全部重建、停止编译和对工程进行设置。

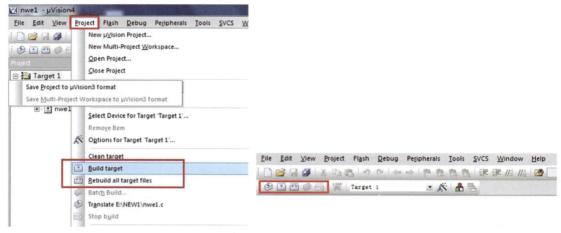

图 2-1-16　文件编译　　　　　　　　　图 2-1-17　编译、设置工具栏

④ 编译过程中的信息将出现在输出窗口中的 Build 页中，如果源程序中有语法错误，会有错误报告出现，双击该行，可以定位到出错的位置，对源程序反复修改之后，最终会得到如图 2-1-18 所示的结果，信息窗口提示生成一个"new1.hex"文件，至此编译完成。

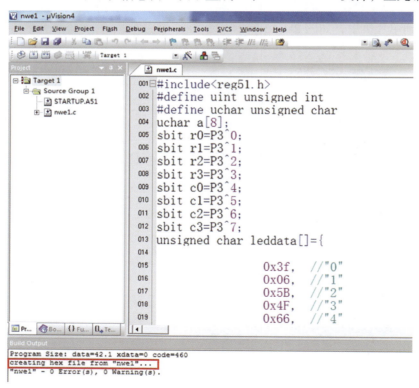

图 2-1-18　编译完成

学习评估与总结 ✐

一、学习评估

评价内容		自 评	小组评价	教师评价
		优☆ 良△ 中✓ 差 ×		
知识与技能	① 能创建工程			
	② 能创建源程序文件			
	③ 能将源程序文件添加到工程			
	④ 能对源程序文件进行编译、连接			
职业素养	① 具有安全用电意识			
	② 安全操作设备			
	③ 笔记记录完整准确			
	④ 符合"6S"管理理念			
综合评价				

二、学习总结

（1）你的收获有哪些？

（2）你还有哪些知识没有掌握好？

任务拓展 ✐

请用思维导图的方式绘制 Keil 软件的使用步骤。

任务检测 ✐

一、填空题

1. Keil 软件是目前最流行的开发 51 系列单片机的软件，支持_____语言、_____语言。

2. 单片机能直接执行的文件是_____文件。

3. 使用 C 语言编程的源程序文件的后缀名是_____。

二、综合题

在计算机 D 盘新建"单片机学习"文件夹；打开 Keil 软件，创建"流水灯"工程及"led.c"文件，完成程序的编译、汇编，生成 hex 文件。

任务二　使用 Proteus 软件

任务目标 ✐

◎知识目标：能识别 Proteus 软件工作界面的各项工具、图标；

能描述 Proteus 软件绘图的主要操作流程。

◎技能目标：能创建电路原理图文件、绘制电路原理图；

能使用 Proteus 仿真软件进行仿真。

◎素养目标：培养学生将理论与实际结合的能力；

培养学生自主创新的意识。

任务描述 ✎

在 Proteus 中建立名为"new1"的原理图文件，调入准备好的仿真文件，进行电路仿真。电路原理图如图 2-2-1 所示。

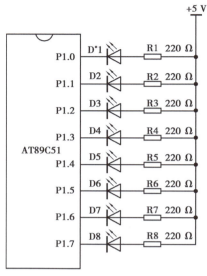

图 2-2-1　电路原理图

知识链接 ✎

一、Proteus 软件简介

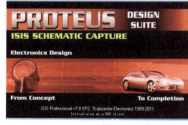

图 2-2-2　Proteus 软件启动界面

Proteus 是英国 Labcenter electronics 公司研发的多功能 EDA 软件，如图 2-2-2 所示，它具有功能强大的 ISIS 智能原理图输入系统，有非常友好的人机互动窗口界面和丰富的操作菜单与工具；在 ISIS 编辑区中，能方便地完成单片机系统的硬件设计、软件设计、单片机源代码级调试与仿真。

Proteus 有 30 多个元器件库，拥有数千种元器件仿真模型；有 10 余种信号激励源和 10 余种虚拟仪器（如示波器、逻辑分析仪、信号发生器等）；可提供软件调试功能，有形象生动的动态器件库、外设库。特别是其有从 8051 系列 8 位单片机直至 ARM7 32 位单片机的多种单片机类型库。

Proteus 还有使用极方便的印刷电路板高级布线编辑软件（PCB）。目前，Proteus 已成为流行的单片机系统设计与仿真平台，应用于各种领域。

二、Proteus ISIS 工作界面

Proteus ISIS 的工作界面是一种标准的 Windows 界面，如图 2-2-3 所示，包括标题栏、菜单栏、工具栏、绘图工具栏、状态栏、仿真进程控制按钮、预览窗口、对象选择器窗口、图形编辑窗口等。

---

* 发光二极管的标准符号为 VD，考虑在软件中，特别是仿真电路图中仍采用 D 表示，为了与软件保持一致，本书用 D 表示发光二极管。

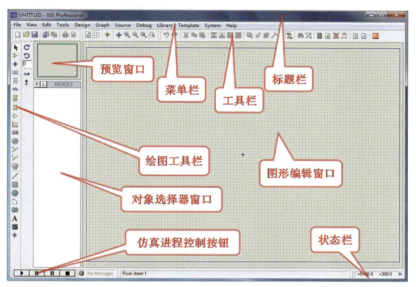

图 2-2-3 Proteus ISIS 的工作界面

● 图形编辑窗口（The Editing Window）：顾名思义，它是用来绘制原理图的。蓝色方框内为可编辑区，元件要放到其中。注意：这个窗口是没有滚动条的，可用预览窗口来改变原理图的可视范围。

● 预览窗口（The Overview Window）：可显示两个内容，一个是在元件列表中选择一个元件时，会显示该元件的预览图；另一个是鼠标焦点落在图形编辑窗口时（即放置元件到图形编辑窗口后或在图形编辑窗口中单击鼠标后），它会显示整张原理图的缩略图，因此，可用鼠标在其中单击来改变绿色方框的位置，从而改变原理图的可视范围，如图 2-2-4 所示。

● 模型选择工具栏（Mode Selector Toolbar）（见图 2-2-5）：

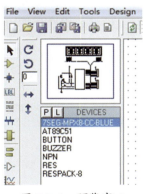

图 2-2-4 预览窗口

图 2-2-5 模型选择工具栏

：用于选择元件（默认选择的）。

：用于放置连接点。

：用于放置标签（使用总线时会用到）和文本。

：用于绘制总线。

：用于放置子电路。

● 配件（Gadgets）（见图 2-2-6）：

图 2-2-6　配件

：添加终端接口（Terminals），有 VCC、地、输出、输入等接口。

：绘制各种引脚。

：添加仿真图表（Graph），进行各种分析。

：添加录音机。

：添加信号发生器（Generators）。

：添加电压探针（使用仿真图表时要用到）。

：添加电流探针（使用仿真图表时要用到）。

：添加虚拟仪表，有示波器等。

● 2D 图形（2D Graphics）（见图 2-2-7）：

：画各种直线。

：画各种方框。

：画各种圆。

：画各种圆弧。

：画各种多边形。

图 2-2-7　2D 图形

：添加各种文本。

：画符号。

：画原点等。

● 元件列表（The Object Selector）：用于挑选元件（Components）、终端接口（Terminals）、信号发生器（Generators）、仿真图表（Graph）等。例如，当选择"元件（Components）"，单击"P"按钮会打开"挑选元件"对话框，选择一个元件后（单击"OK"按钮后），该元件会在元件列表中显示，以后要用到该元件时，只需在元件列表中选择即可。

● 方向工具栏（Orientation Toolbar）（见图 2-2-8）：

：右旋转 90° 。

：左旋转 90° 。

：水平翻转。

：垂直翻转。

使用方法：先右键单击元件，再单击相应的旋转图标。

图 2-2-8　方向工具栏

● 仿真工具栏（见图 2-2-9）：

：运行。

：单步运行。

：暂停。

：停止。

图 2-2-9　仿真工具栏

三、Proteus 绘图的主要操作

1. 编辑区域的缩放

Proteus 的缩放操作多种多样，极大地方便了工程项目的设计。常见的方式有：完全显示（按"F8"）、放大（按"F6"）和缩小（按"F7"）；拖放、取景、找中心（按"F5"）。

2. 点状栅格和刷新

编辑区域的点状栅格，可方便元器件定位。鼠标指针在编辑区域内移动时，移动的步长就是栅格的尺度，称为"Snap（捕捉）"。这个功能可使元件依据栅格对齐。

（1）显示和隐藏点状栅格

点状栅格的显示和隐藏可以通过工具栏的按钮或者按快捷键"G"来实现。鼠标移动的过程中，在编辑区的下面将出现栅格的坐标值，即坐标指示器，它显示横向的坐标值。因为坐标的原点在编辑区的中间，有的地方的坐标值比较大，不利于进行比较。此时可通过选择"View"→"Origin"命令，也可以单击工具栏的按钮或者按快捷键"O"来定位新的坐标原点。

（2）刷新

编辑窗口显示正在编辑的电路原理图，可以通过选择"View"→"Redraw"命令来刷新显示内容，也可以单击工具栏的刷新命令按钮或者按快捷键"R"，与此同时预览窗口中的内容也将被刷新。它的用途是当执行一些命令导致显示错乱时，可以使用该命令恢复正常显示。

3. 对象的放置和编辑

（1）对象的添加和放置

单击工具箱的元器件按钮，使其选中，再单击 ISIS 对象选择器左边中间的置 P 按钮，出现"Pick Devices"对话框，在这个对话框里可以选择元器件和一些虚拟仪器。下面以添加单片机 AT89C51 为例来说明怎么把元器件添加到编辑窗口。单击"Gategory（器件种类）"→"MicoprocessorIC"选项，在对话框的右侧会显示大量常见的单片机芯片型号。找到单片机 AT89C51，双击"AT89C51"，如图 2-2-10 所示。

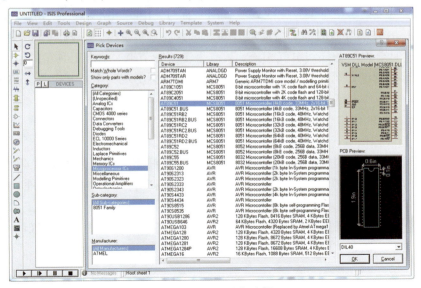

图 2-2-10 元器件选择

这样在左边的对象选择器中就有了 AT89C51 这个元件。单击源元件，然后把鼠标指针移到右边的原理图编辑区的适当位置，再单击，就把 AT89C51 放到了该位置。

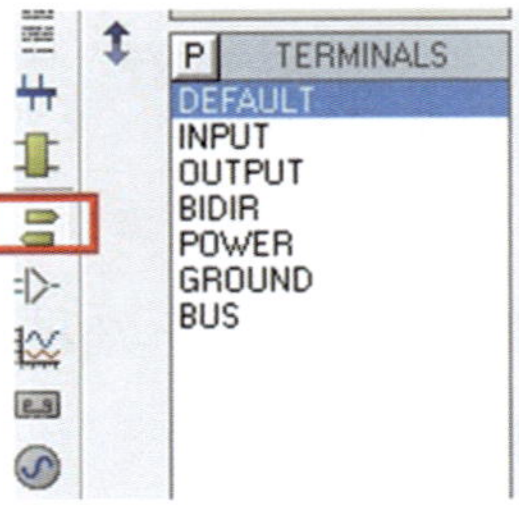

（2）放置电源及接地符号

单击工具箱的终端按钮，对象选择器中将出现一些接线端，如图 2-2-11 所示。

在器件选择器里单击左侧的"TERMNALS"栏下的"POWER""GROUND"，再将鼠标移到原理图编辑区，单击即可放置电源符号；用同样的方法单击"GROUND"也可以把接地符号放到原理图编辑区。

图 2-2-11　电源及接地符号

（3）对象的编辑

调整对象的位置和放置方向以及改变元器件的属性等，有选中、删除、拖动等基本操作。

● 拖动标签：许多类型的对象有一个或多个属性标签附着。可以很容易地移动这些标签使电路图看起来更美观。移动标签的步骤如下：首先右键单击选中对象，然后用鼠标指向标签，一直按住左键就可以将标签拖动到需要的位置，释放鼠标即可。

● 对象的旋转：许多类型的对象可以旋转 0°、90°、270°、360° 或通过 x 轴、y 轴镜像旋转。

● 编辑对象的属性：对象一般都具有文本属性，这些属性可以通过一个对话框进行编辑。

4. 导线的绘制

Proteus 的智能化可在画线时进行自动检测：当鼠标的指针靠近一个对象的连接点时，鼠标的指针上就会出现一个"×"号，单击元器件的连接点，移动鼠标（不用一直按住左键）至元器件的另一个连接点。

当电路中多根数据线、地址线、控制线并行时应使用总线设计。单击工具箱的总线按钮，即可在编辑区中画出总线。单击工具按钮，画总线分支线，为了和一般的导线区分，一般用斜线来表示分支线，在每个分支线处放置网络标号，相同网络标号表示电气相连的关系。

Proteus ISIS 在画导线时能够智能地判断是否要放置节点。但在两条导线交叉时是不放置节点的，这时要想两条导线电气相连，只有手工放置节点。单击工具箱的节点放置按钮，当把鼠标指针移到编辑窗口，指向一条导线的时候，会出现一个"×"号，单击就能放置一个节点。

四、Proteus 的模拟仿真操作

Proteus 的模拟仿真操作主要有 3 步：

① 设计电路。根据电路要求，放置元器件，连接线路，完成原理图的绘制。

② 添加仿真文件。打开"文件浏览"对话框，找到准备好的".hex"文件，单击"确定"按钮完成文件添加。

③ 单击 ▶ 按钮开始仿真。仿真中，可以看到各引脚电平的高低，红色代表高电平，蓝色代表低电平，灰色代表不确定电平（Floating）。

任务实施

一、绘制电路图

打开 Proteus 软件，新建名为"new1"的文件，在工作面放置单片机、电阻及发光二极管等元件，连接电路并保存，绘制完成的电路图如图 2-2-12 所示。

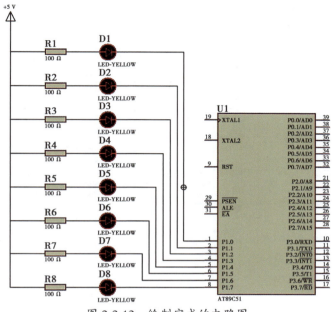

图 2-2-12　绘制完成的电路图

二、电路仿真

载入预先在 Keil 软件里编译生成的".hex"文件。在菜单"Program File"中单击打开"文件浏览"对话框，找到准备好的".hex"文件，单击"确定"按钮完成文件添加，如图 2-2-13 所示。单击 ▶ 按钮开始仿真，仿真结果如图 2-2-14 所示。

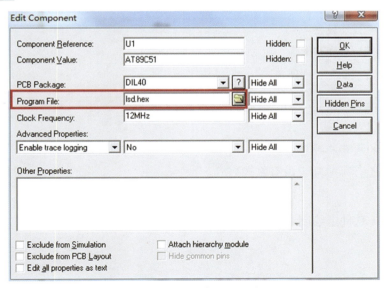

图 2-2-13　加载 hex 文件

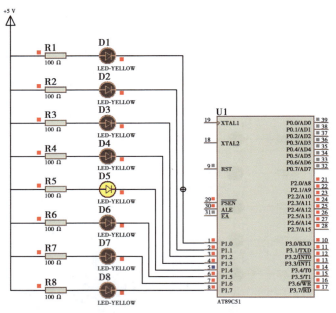

图 2-2-14　仿真结果

学习评价与总结 ✐

一、学习评估

评价内容		自　评	小组评价	教师评价
		优☆　良△　中✓　差✕		
知识与技能	① 能建立文件			
	② 能绘制原理图			
	③ 能进行电路仿真操作			
职业素养	① 具有安全用电意识			
	② 安全操作设备			
	③ 笔记记录完整准确			
	④ 符合"6S"管理理念			
综合评价				

二、学习总结

（1）你的收获有哪些？

（2）你还有哪些知识没有掌握好？

任务检测 ✐

在 Proteus 软件上绘制电路原理图，如图 2-2-15 所示。

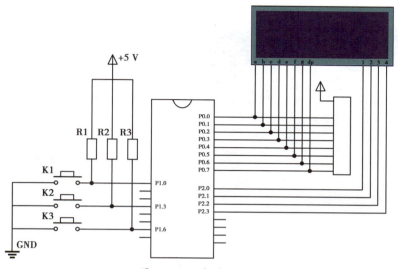

图 2-2-15 电路原理图

任务三 使用单片机开发板

任务目标 ✎

◎知识目标：能认识单片机开发板的硬件资源。

◎技能目标：能识读单片机开发板电路图；

会使用单片机开发板调试单片机程序。

◎素养目标：培养学生规范操作、安全用电的职业素养；

培养学生细心、耐心、精益求精的工匠精神。

任务描述 ✎

将单片机程序的 hex 文件利用 ISP 软件下载到单片机开板中，并正确调试程序功能。

知识链接 ✎

一、认识单片机开发板

学习单片机技术离不开实践操作，光靠 Proteus 软件仿真是不够的，软件仿真仅仅表明用户的设计正确，但是实际开发应用和仿真软件却差别很大，如果真心想学好单片机这门技术，必须准备一块单片机开发板，动手写程序，教、学、做合一，才能更好地学习好单片机技术，从而开发出更多、性能更好的电子产品，肩负起由"中国制造"到"中国创造"的使命。

单片机技术自发展以来已走过了近 40 年的发展历程。小到遥控电子玩具，大到航空航天技术等都有单片机应用的影子。针对单片机技术在自动化方面的重要应用，为满足广大学生、爱好者、产品开发者迅速掌握单片机这门技术，专门的厂家产生了单片机开发板，也称单片机学习板（实验板）。除了可用于做单片机实验以外，还可以用来做其她工作，如程序代码烧录、观察程序运行结果，真正实现了实验、编程、开发一体化。

单片机开发板如图 2-3-1 所示。

①：单片机主机模块

②：独立按键模块

③：程序下载端口

④：电源开关

⑤：步进电机端口

⑥：8 位七段数码管模块

⑦：LCD1602、LCD12864 端口

⑧：LED8 位点阵模块

⑨：LED 流水灯模块

⑩：键盘矩阵模块

图 2-3-1　单片机开发板

二、ISP 下载软件

单片机程序编写完，生成 hex 文件后，需要用 ISP 软件将程序下载到单片机中。

任务实施

1. 安装单片机开发板驱动程序

用数据线将单片机开发板与电脑的 USB 接口连接，双击单片机开发板的驱动程序"SETUP"文件，完成驱动程序的安装。

2. 下载程序

①双击"ISP 普中"打开程序，根据本次操作所用开发板的要求将单片机类型设置为"STC89C5xx–RC seqrie"，如图 2–3–2 所示。

②查看"我的电脑"中单片机开发板与电脑的连接端口，选择正确的端口。

③打开单片机开发板的电源开关，单击"程序下载"按钮，即可完成程序的下载。

温馨提示：设置好单片机型号和连接端口后，以后下载程序只需要改变程序文件的路径即可。

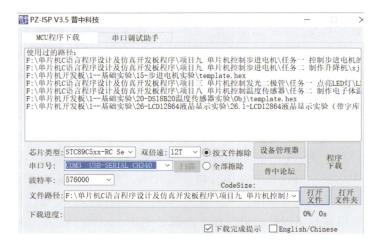

图 2-3-2　单片机及端口设置

学习评估与总结 ✐

一、学习评估

评价内容	自　评	小组评价	教师评价
	优☆　良△　中√　差×		
知识与技能　①安装单片机开发板驱动程序			
知识与技能　②设置单片机类型			
知识与技能　③查看开发板与电脑的连接端口			
知识与技能　④下载程序			
职业素养　①具有安全用电意识			
职业素养　②安全操作设备			
职业素养　③笔记记录完整准确			
职业素养　④符合"6S"管理理念			
综合评价			

二、学习总结

（1）你的收获有哪些？

（2）你还有哪些知识没有掌握好？

任务拓展 ✐

在网上购买一块 51 单片机开发板套件，自己 DIY 制作一块单片机开发板。

任务检测 ✐

综合题

在计算机上安装 Keil、Protues 及 ISP 软件，并熟练操作这些软件。

项目三
单片机控制发光二极管

小故事

项目描述

　　发光二极管广泛应用于各种指示电路中，具有功耗低、性能稳定的特点。本项目主要学习通过单片机控制发光二极管，共分为 3 个任务：任务一点亮 LED 灯；任务二制作 LED 闪烁灯；任务三制作 LED 流水灯。通过以上任务的学习，让学生明确单片机控制发光二极管的工作原理，掌握 C 语言编程的基本语法和格式要求，为后续内容的学习打下基础。

任务一　点亮 LED 灯

任务目标

　◎知识目标：能阐述单片机常用术语的含义；
　　　　　　　能描述 C 语言编程的基本语法和格式要求。
　◎技能目标：能进行位定义，识读 C 语言程序；
　　　　　　　能编写点亮一个 LED 程序的 C 语言程序；
　　　　　　　能利用 Proteus 软件仿真和单片机开发板调试程序。
　◎素养目标：培养学生养成规范编写 C 语言程序的习惯；
　　　　　　　培养学生严谨细致的逻辑思维能力。

任务描述

　　单片机 P0.0 端口连接一个发光二极管 D1，编写程序点亮 D1。电路原理图如图 3-1-1 所示。

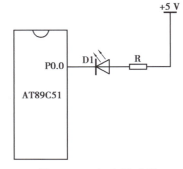

图 3-1-1　电路原理图

知识链接

一、发光二极管

　　发光二极管，俗称 LED，是由半导体砷、磷、镓及其化合物制成的二极管，它不仅具有单向导电性，而且通电后能发出红、黄、绿等鲜艳的色光，它工作时只需加 1.5 ～ 3 V 正向电压和几毫安电流就能正常发光，在使用时需串联一个限流电阻。它体积小、反应快、价廉并且工作可靠，广泛应用于各种指示电路当中。实物及符号如图 3-1-2 所示。

图 3-1-2　发光二极管

二、单片机常用术语

1. 位（Bit）

位是指一个二进制位，是计算机中所能表示的最小数据单位，用 b 表示。

2. 字节（Byte）

计算机中通常把 8 个二进制位放在一起，同时计数，可以达到 0 ~ 255，共 256 种状态。这 8 个二进制位通常称为一个字节，通常存储器是以字节为单位来存储信息的。

3. 字（Word）及字长

字由若干位二进制码组成，通常与计算机内部的寄存器、运算器、数据总线的宽度一致，若干个字节定义一个字。一个字所包含的二进制位数称为字长，字用 W 表示。一般微机中定义一个字长为两个字节。

4. 常量

在程序执行过程中，其值不发生改变的量称为常量，常量分为不同的类型，如 33、0、−10 为整型常量；3.14、5.2 为实型常量；a、b、c 则为字符常量。常量即常数。

5. 变量

在程序执行过程中，取值可变的量称为变量。一个变量必须有一个名字，在内存中占据一定的存储单元，在该存储单元中存放变量的值。变量名和变量值是两个不同的概念，变量名在程序运行中不会改变，而变量值会变化，在不同时期取值不同。

三、头文件

调用头文件的格式：

#include<> 格式：引用标准头文件，编译器从标准库目录开始搜索。

#include" " 格式：引用非标准头文件，编译器从用户的工作目录开始搜索。

在用 C 语言编程时，第一行就需要调用头文件，51 单片机可以为 reg51.h 或 reg52.h。reg51.h 和 reg52.h 是定义 51 单片机和 52 单片机的特殊功能寄存器和位寄存器的头文件，这两个头文件中大部分内容相同，52 单片机比 51 单片机多一个定时器 T2，因此，reg52.h 比 reg51.h 多几行定义 T2 寄存器的内容。

在使用时用"include"命令将文件包含进来。所谓"文件包含"是指在一个文件内将另外一个文件的内容全部包含进来。因为被包含的文件中一些定义和命令使用频率很高，为了提高编程效率，将这些命令和定义单独组成一个文件，如 reg51.h，然后用"#include<reg51.h>"包含进来即可，这就相当于工业中的一个标准零件，直接拿来用即可。

四、位定义 sbit

sbit：表示位，是非标准 C 语言的关键字，编写程序时如需操作寄存器中的某一位时，需定义一个位变量，此时需要用到 sbit，如 D1=P0^0；，EA=0xaf；sbit 的用法有 3 种：

- sbit 位变量名 = 地址值；
- sbit 位变量名 =SFR 名称 ^ 变量位地址值；
- sbit 位变量名 =SFR 地址值 ^ 变量位地址值。

如定义 PSW 中的 OV 可以用以下 3 种方法：

sbit OV=0xd2；　　//0xd2 是 OV 的位地址值

sbit OV=PSW^2；　　//PSW 必须先用 SFR 定义好

sbit OV=0xD0^2；　　//0xD0 就是 PSW 的地址值

五、C 语言编程的基本语法和格式要求

1.C 语言中括号的用法

C 语言中常用的 4 种括号：大括号"{}"、圆括号"（）"、方括号"［］"、尖括号"＜＞"。

● 大括号"{}"：一般用来把函数的函数体集中起来，形成一个相对的整体。也常常用来将相对集中的若干语句构成语句体集中起来形成一个整体。例如：

while（1）

{

　……

}

用大括号"{}"将 while（1）语句后的循环体括起来。

● 圆括号"（）"：常用来说明函数的参数，一般跟在函数名的后面。函数有多个参数时，相邻参数间要用逗号隔开。

> **★注意★**
>
> 　使用时不要在函数名和圆括号间留空格。

● 方括号"［］"：常用来说明数组或数组元素的下标，紧跟在数组名的后面，如数组：data［10］；

● 尖括号"＜＞"：常用在文件包含中，如 #include<reg51.h>。

2.C 语言中逗号"，"和分号"；"的用法

● 每一条完整语句的结束必须用分号"；"。

● 在一条语句中的变量之间用逗号"，"。

● 语言程序必须用英文输入法编写，程序语句中不能出现中文字符，否则程序会出错，不能通过程序编译。C 语言程序中英文输入法的大小写也要十分注意。许多情况下，同一个英文字母的大小写不同，C 语言程序会将它们当作两个不同的变量来处理。

任务实施 ✎

一、任务分析

根据电路图分析，发光二极管 D1 的负极连在单片机 P0.0 端口，发光二极管的正极通过限流电阻 R 接在 5 V 电源的正极。根据二极管的单向导电性可知，通过编程使单片机 P0.0 输出一个低电平 0 即可点亮发光二极管。

二、程序设计

程序流程图如图 3-1-3 所示。

参考程序：

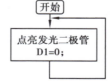

图 3-1-3　程序流程图

```
#include<reg51.h>    // 调用头文件
sbit D1=P0^0;        // 位定义
void main（void）    // 主程序
{                    // 开始
    while（1）        // 死循环，防止程序跑飞
```

```
    {
        D1=0;              // 点亮发光二极管
    }
}
```

三、电路仿真

1. 绘制电路图

启动 Proteus 软件，在 Pick devices 窗口中选择系统所需元器件，还可以选择元件的类别、生产厂家等。本例所需主要元件见表 3-1-1。

表 3-1-1　元件清单

元件名称	库名称	元件名称	库名称
单片机	AT89C51	电阻	RES
发光二极管	LDE-YELLOW		

把所需元件放置完后，修改元件参数，把 R1 修改成 270，最后连接电路，完成后的电路原理图如图 3-1-4 所示。

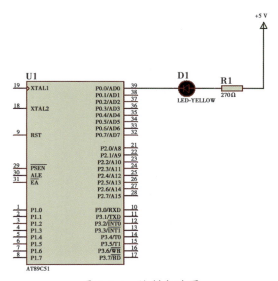

图 3-1-4　绘制电路图

2. 编写程序

打开 Keil 软件，建立"点亮一个发光二极管"工程，建立"led.c"文件，编写程序，并生成 hex 文件。编写完成后的程序如图 3-1-5 所示。

3. 电路仿真

双击"AT89C51"元件，打开"Edit Component"对话框，如图 3-1-6 所示，可以直接在"Clock Frequency"后进行频率设定，设定单片机的时钟频率为 12 MHz。在"Program File"栏中选择已经生成的 .hex 文件，导入单片机中，然后单击"OK"按钮保存。至此，就可以进行单片机的仿真，仿真结果如图 3-1-7 所示。

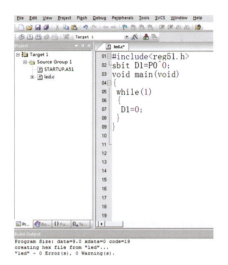

图 3-1-5　编写程序

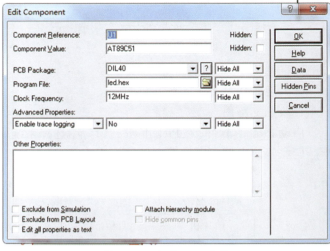

图 3-1-6　加载 hex 文件

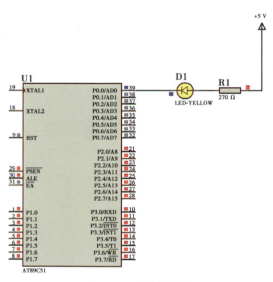

图 3-1-7　仿真结果

　　仿真的结果显示发光二极管已被点亮变成黄色，同时在单片机的每个引脚旁边会出现一个小方块，红色的方块表示高电平，蓝色的方块表示低电平。通过方块颜色的变化可以很直观地知道每个引脚的电平变化。

　　四、单片机开发板操作

　　①用数据线连接单片机开发板。

　　②打开单片机开发板电源。

　　③打开程序下载软件，设置单片机型号和单片机开发板与电脑的连接端口；

　　④设置要下载的 hex 文件路径；

　　⑤下载程序，观察实验现象，是否满足设计要求。

　　实验结果显示，在单片机开发板的 LED 模块中，D1 被点亮。更改程序后重复以上操作，可以实现多个 LED 灯的亮灭。

注意：规范操作单片机开发板，注意用电安全；安装单片机芯片时要与锁扣方向保持一致，否则会烧坏单片机；下载程序之前要先打开开发板电源开关。

程序编写是很严格的，一个字符出错，都会导致程序编译无法通过，所以大家要养成细致、耐心的好习惯。

学习评估与总结

一、学习评估

评价内容		自　评	小组评价	教师评价
		优☆　良△　中√　差 ×		
知识与技能	① 能创建工程文件			
	② 能创建程序文件			
	③ 能编写程序			
	④ 能完成程序仿真及调试			
职业素养	① 具有安全用电意识			
	② 安全操作设备			
	③ 笔记记录完整准确			
	④ 符合"6S"管理理念			
综合评价				

二、学习总结

（1）你的收获有哪些？

（2）你还有哪些知识没有掌握好？

任务拓展

编写程序实现同时点亮发光二极管 D1 和 D3，D2 和 D4 熄灭。电路图如图 3-1-8 所示。

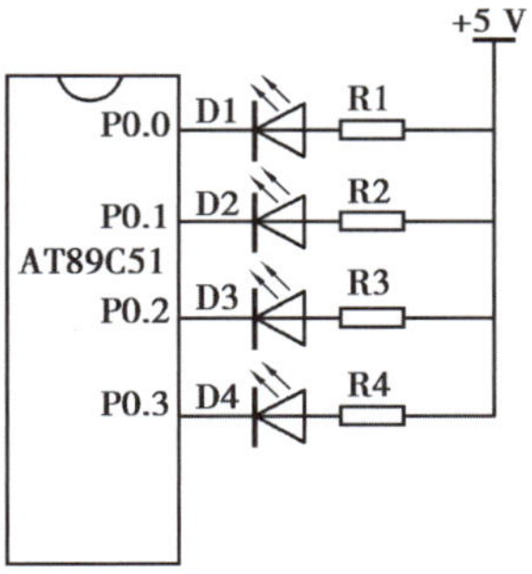

图 3-1-8　电路图

任务检测

一、填空题

1. 发光二极管具有_____导电性，其导通条件是_____。引脚完好无损的发光二极管的极性规定为_____。

2. 单片机能直接执行的文件是_____文件。

3. 调用头文件的命令是_____。

4. Proteus 软件仿真电路时，元件引脚上红色小方块代表的是_____电平，蓝色小方块代表的是_____电平。

5. 单片机的 P3.0 端口与发光二极管正极引脚相连，采用的位定义命令是_____。

6. 一个字节由_____位二进制组成。

7. C 语言程序中，主程序是_____，位定义方法有_____种。

8. 计算机中所表示的最小数据单位是_____。

9. 发光二极管在使用时通常需要串联一个_____电阻，从而保护发光二极管不被反向电压击穿。

10. 在程序运行时，其中的变量名_____，而变量值_____。

二、判断题

1. Proteus 正在仿真电路时，不可以完成修改电路等操作。 （　　）

2. C 语言编程时，常用的括号有大括号、方括号、圆括号及尖括号。 （　　）

3. C 语言程序中，同一个字母的大小写没有区别，可以随便使用。 （　　）

4. 在计算机中，1 个字节由 8 个二进制位组成。 （　　）

5. C 语言编程时，通常在第一行调用头文件，其命令是"include"。 （　　）

三、综合题

分析图 3-1-9 所示的电路图，试编写 D1、D3 亮，D2、D4 灭的 C 程序。

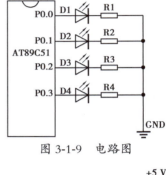

图 3-1-9　电路图

任务二　制作 LED 闪烁灯

任务目标 ✐

◎ 知识目标：能描述各种数据类型；

能解释变量的定义和声明。

◎ 技能目标：能编写和使用延时函数；

能灵活使用宏定义；

能编写使二极管闪烁的 C 语言程序；

能利用 Proteus 软件仿真和单片机开发板

调试程序。

◎ 素养目标：培养学生迁移发散的思维能力；

培养学生独立思考、分析问题的能力。

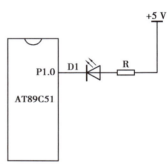

图 3-2-1　电路原理图

任务描述 ✐

单片机的 P1.0 端口连接一个发光二极管，通过编写程序实现发光二极管的闪烁。电路原理图如图 3-2-1 所示。

知识链接 ✐

一、C 语言的基本数据类型

C 语言的数据基本类型分为字符型、整型、长整型及浮点型，见表 3-2-1。

表 3-2-1　C 语言数据基本类型

数据类型	长　度	取值范围
unsigned char	单字节	0 ～ 255
signed char	单字节	−128 ～ +127
unsigned int	双字节	0 ～ 65 536
signed int	双字节	−32 768 ～ +32 767
unsigned long	四字节	0 ～ 4 294 967 295
signed long	四字节	−2 147 483 648 ～ +2 147 483 647
float	四字节	± 1.175 494E−38 ～ ± 3.402 823E+38

1. char（字符类型）

char 类型的长度是一个字节，通常用于定义处理字符数据的变量或常量，它分为无符号字符类型和有符号字符类型两种，默认值为有符号类型。

● unsigned char 类型用字节中所有的位来表示数值，可以表达的数值范围是 0 ~ 255。

● signed char 类型用字节中最高位表示数据的符号，"0" 表示正数，"1" 表示负数，负数是用补码表示，所能表示的数值范围是 –128 ~ +127。unsigned char 常用于处理 ASCII 字符或用于处理小于或等于 255 的整型数。

2. int（整型）

int 类型的长度为两个字节，用于存放一个双字节数据。它分为有符号整型和无符号整型，默认值为有符号整型。signed int 表示的数值范围是 –32 768 ~ +32 767。字符中最高位表示数据的符号，"0" 表示正数，"1" 表示负数。unsigned int 表示的数值范围是 0 ~ 65 536。

3. long（长整型）

long 类型的长度为四个字节，用于存放一个四字节的数据。它分为有符号长整型和无符号整型，默认值为有符号长整型。singed long 表示的数值范围是 –2 147 483 648 ~ +2 147 483 647。字节中最高位表示数据的符号，"0" 表示正数，"1" 表示负数。unsigned long 表示的数值范围是 0 ~ 4 294 967 295。

二、变量的定义和声明

1. 变量的定义

在程序中，常量可以不经说明直接引用，而变量必须作强制定义（说明），即 "先定义，后使用"。

变量定义的一般形式：变量类型　变量名；

例如：unsigned char i；// 定义无符号字符型变量 i

对于多个同类型变量可以同时定义，变量名之间用逗号隔开。

例如：unsigned int a，b，c；// 定义 3 个无符号整型变量 a，b，c

变量的名字是一种标识符，它必须遵守标识符的命名规则，变量名习惯用小写字母表示，以增加程序的可读性。必须注意的是大写字符和小写字符被认为是两个不同的字符，因此，data 和 Data 是两个不同的变量名，代表两个完全不同的变量。

2. 变量的声明

变量的声明有两种情况：一种是需要建立存储空间。例如：int a 在声明的时候，就已经建立了存储空间。另一种是不需要建立存储空间。例如：extern int a 其中的变量 a 在别的文件中定义。

三、函数

C 语言程序是由一系列函数组成的。函数是实现一定功能、具有一定格式的程序段。函数可以在程序中根据需要重复调用。使用函数可使程序结构清晰，提高程序的可读性，易于调试和维护，减少编程工作中的重复功能。函数分为库函数和自定义函数两类。

1. 库函数

为了简化代码编写的难度，通常 C 编译器会将一些相对固定的功能程序事先编写成函数，以库形式存储起来，这一类函数称为库函数。例如，bit isalpha（char c）；检查英文字母函数。

在程序中使用库函数时，必须在源程序开始处使用预处理命令"#include"包含相应的头文件，其格式为：

#include< 头文件名 > 或 #include" 头文件名 "

2. 自定义函数

用户根据自己的需要编写完成相应功能的程序段，这一类函数称为自定义函数。其格式如下：

类型标识符　函数名（形式参数列表）

{

　声明部分；

　语句部分；

}

关于自定义函数：

● 类型标识符：指定函数返回值的数据类型，又称为函数的类型。它可以是 C 语言支持的各种数据类型，如 int、long、float、char 等。如果要函数不返回值，则要把函数类型定义为 void。

● 函数名：一个合法的用户标识符，用于在程序中区分不同的函数。

● 形式参数：在函数名后面小括号中的变量称为形式参数，简称形参，形参用于从函数外部接收数据。函数也可以没有形式参数。

● 函数体：用一对花括号括起来的语句序列，实现函数的功能。它由声明部分和执行部分组成。

● 空函数：定义函数时，函数体为空的函数。空函数用于快速构建程序的框架。

3. 函数的声明和调用

在一个 C 程序中，当自定义函数位于主调函数后面时，就需要在程序的开始位置对自定义函数进行声明，以便将函数的名称、参数的个数和类型等信息通知编译器，从而在调用此函数时，编译器才能正确识别该函数并检查调用是否合法。

（1）函数的声明

函数声明的一般格式：

类型标识符　函数名（参数类型 1 形参名，参数类型 2 形参 2 ……参数类型 n 形参 n）；

例如：void delay_ms（unsigned int x）；// 对延时函数进行声明

（2）函数的调用

调用函数的一般格式：

● 无参数函数调用的一般形式：

函数名（）；

例如：delay_ms（）；// 调用延时函数

● 有参数函数调用的一般形式：

函数名（有数列表）；

例如：delay_ms（500）；// 调用延时函数，实参值为 500

在调用有参数函数时，必须给被调函数提供形式参数所声明类型的数据，这些数据被称为实际参数，简称实参。实参可以是常量、变量或表达式。

函数调用的两种方式：

● 函数语句方式：把函数调用作为一个独立的语句，这种方式通常用于调用一个没有返回值的函数。当用此方法调用有返回值的函数时，无法使用函数的返回值。例如：

```
void main（）
{
    ......
    D1=0；
    delay_ms（500）；// 把延时函数作为一个独立的语句进行调用
    ......
}
```

● 函数表达式方式：函数调用出现在一个表达式中，这种方式通常用于调用有返回值的函数。函数的返回值可参加表达式的运算。无返回值的函数不能用此方式调用。例如：

```
void main（）
{
    ......
    P1=keyscan（）；// 调用键盘扫描程序，返回值再赋值给单片机 P1 端口
    ......
}
```

四、宏定义

宏定义的作用是用一个标识符（宏名）来表示一个字符串，其格式为：

#define 标识符（宏名）　字符串

在宏定义中，"#"表示这是一条预处理命令，"define"为宏定义命令。标识符是自行定义的宏名。字符串可以是常数或表达式等。例如：

```
#define PI  3.14159          // 用 PI 来表示 3.141 59 这个常量
#define uint unsigned int     // 用 uint 来表示 unsigned int
#define uchar unsigned char   // 用 uchar 来表示 unsigned char
```

在程序编写过程中，采用宏定义方式可以增强程序的可读性，并且能使语句变得简洁明了。

任务实施 🖉

一、任务分析

要使发光二极管产生闪烁的效果，只需要让发光二极管亮一段时间，然后熄灭一段时间再亮一段时间……如此周而复始即可。

根据电路图分析，当单片机 P1.0 端口输出 1 个低电平 0 时，点亮发光二极管 D1；当单片机 P1.0 端口输出 1 个高电平 1 时，发光二极管 D1 熄灭，单片机 P1 端口的赋值见表 3-2-2。

表 3-2-2　单片机 P1 端口赋值表

发光二极管状态	P1.7	P1.6	P1.5	P1.4	P1.3	P1.2	P1.1	P1.0	编码
发光二极管 D1 亮	1	1	1	1	1	1	1	0	0xfe
发光二极管 D1 灭	1	1	1	1	1	1	1	1	0xff

在编写程序的时候，我们可以直接对单片机端口进行赋值，例如：

P1=0xfe；　　　// 发光二极管 D1 亮

P1=0xff；　　　// 发光二极管 D1 灭

在单片机端口多的情况下，这样可以省去采用位定义各端口的麻烦。

二、程序设计

程序流程图如图 3-2-2 所示。

ms 级延时函数：

```
void delayms（uint x） // 当晶振为 12 MHz 时，延时 xms
{
    uchar i；
    while（x--）
    for（i=0；i<123；i++）；
}
```

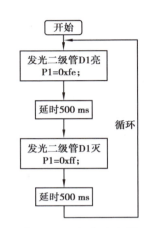

图 3-2-2　程序流程图

参考程序：

```
#include<reg51.h>  // 头文件，调用文件名为 "reg51.h" 的文件
#define uint unsigned int // 定义 uint=unsigned int（无符号整型）
#deifne uchar unsigned char // 定义 uchar=unsigned char（无符号字符型）
/* 延时函数 */
void delay_ms（uint x）        // 当晶振为 12 MHz 时，延时 xms
{
    uchar i；
    while（x--）
    for（i=0；i<123；i++）；
}
/* 主函数 */
void mian（ ）
{
    while（1）
    {
        P1=0xfe；               // 发光二极管 D1 亮
        delay_ms（500）；        // 调用延时函数，延时时间为 500 ms
        P1=0xff；               // 发光二极管 D1 灭
        delay_ms（500）；        // 调用延时函数，延时时间为 500 ms
    }
}
```

三、电路仿真

1. 绘制电路图

打开 Proteus 软件，新建名为"发光二极管闪烁"的文件；在工作面放置单片机、电阻及发光二极管等元件，元件清单见表 3-2-3，绘制完成的电路图如图 3-2-3 所示。

表 3-2-3　元器件清单

元件名称	库名称	元件名称	库名称
单片机	AT89C51	电阻	RES
发光二极管	LDE-YELLOW		

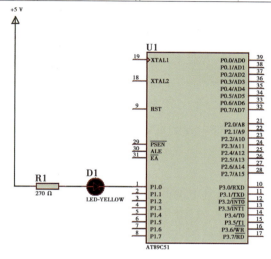

图 3-2-3　绘制电路图

2. 编写程序

打开 Keil 软件，新建名为"leds"的工程，新建名为"leds.c"的文件，编写二极管闪烁程序并生成 hex 文件。程序编写完成，如图 3-2-4 所示。

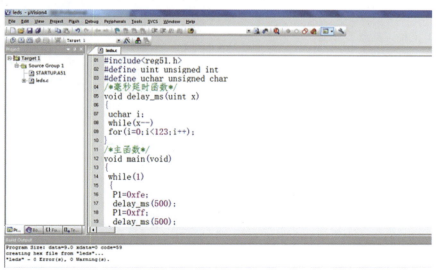

图 3-2-4　编写程序

3. 电路仿真

双击单片机加载已生成的 hex 文件，进行程序仿真。仿真结果如图 3-2-5 所示。

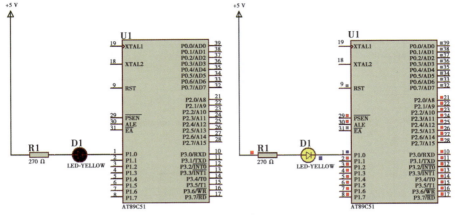

图 3-2-5　仿真结果

仿真结果显示，发光二极管出现闪烁效果，同时也会发现单片 P1.0 端口的高低电平的变化规律。

四、单片机开发板操作

①连接单片机开发板，并打开电源开关。

②打开程序下载软件，设置"LED 闪烁灯"程序的 hex 文件路径。

③下载程序，观察实验现象。

实验结果显示，在单片机开发板的 LED 模块中，D1 出现闪烁现象，满足了设计要求。

学习评价与总结 🖉

一、学习评估

评价内容		自　评	小组评价	教师评价
		优☆　良△　中√　差 ×		
知识与技能	①能描述数据类型			
	②能定义函数			
	③能调用延时函数			
	④能编写程序			
职业素养	①具有安全用电意识			
	②安全操作设备			
	③笔记记录完整准确			
	④符合"6S"管理理念			
综合评价				

二、学习总结

（1）你的收获有哪些？

（2）你还有哪些知识没有掌握好？

任务拓展 🖊

单片机端口 P1.0 和 P1.1 分别连接发光二极管 D1 和 D2,编写程序实现两只发光二极管交替闪烁。电路图如图 3-2-6 所示。

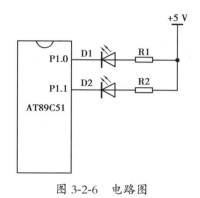

图 3-2-6 电路图

任务检测 🖊

一、填空题

1. signed 类型的数据最高位表示符号,正数用_____表示,负数_____用表示。

2. nt 类型数据占用_____位内存单元。

3. 函数分为_____和_____两类。任何函数都包含_____和_____两部分。

4. 宏定义的基本格式:_____。

5. 字符型常量有_____和_____两种形式。

6. 形式参数只能是_____,不能是常量或表达式。

7. 函数调用有两种方式:_____和_____。

8. 函数体的语句无论多少,必须用_____括起来。

9. 函数名后面小括号中的变量称为_____,简称_____。

10. 在主程序中调用延时函数名后面小括号中的常量称为_____参数。

二、判断题

1. 子函数可以调用主函数。 ( )

2. 自定义函数可以相互多次调用。 ( )

3. 函数调用时,采用语句方式,可以调用带返回值的函数。 ( )

4. 函数调用时,采用表达式方式,可以调用带返回值的函数。 ( )

5. 当自定义函数出现在主函数后面时,在程序的前面必须对该函数进行声明。

( )

任务三　制作 LED 流水灯

任务目标 🖉

◎知识目标：能描述 C51 语言中的各种运算符的使用场合；
　　　　　　能描述流水灯的工作原理。

◎技能目标：能应用 C51 语言中的循环语句编写程序；
　　　　　　能编写流水灯的 C 语言程序；
　　　　　　能利用 Proteus 软件仿真和单片机开发板调试程序。

◎素养目标：培养学生分析、解决问题的能力；
　　　　　　感受中国传统文化的魅力。

任务描述 🖉

单片机 P1 端口连接 8 个发光二极管，通过对发光二极管点亮时间及顺序的控制，产生"流水灯"循环效果。电路原理图如图 3-3-1 所示。

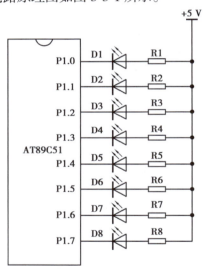

图 3-3-1　流水灯电路原理图

知识链接 🖉

一、运算符

数据运算是程序运行中重要的基础操作。在 C51 中，用特定的符号来表达在数据对象上进行的运算操作，这些符号就是运算符，参加运算操作的数据对象（常量、变量或函数）被称为操作数。运算符和操作符连接起来组成表达式，用于表达对数据进行的处理。为了能在程序中表达对数据的运算处理，必须理解运算符的运算规则和各种约束条件。

1. 算术运算符

C51 语言中的算术运算符见表 3-3-1。

上面运算符中加、减、乘、除为双目运算符，它们要求有两个运算对象。对于加、减和乘运算符合一

表 3-3-1　C51 语言中的算术运算符

符　号	含　义
+	加或取正值运算符
−	减或取负值运算符
*	乘运算符
/	除或取整运算符
%	取余运算符

般的算术运算规则。而除法运算有所不同：如果两个整数相除，其结果为整数，舍去小数部分，如 10/3=3， 2 /5=0；取余运算要求两个运算对象均为整型数据，如 10%3=3。

用算术运算符将运算对象连接起来的式子称为算术表达式。算术表达式一般格式为：

表达式 1　　算术运算符　　表达式 2

例如：x+y/（a+b）　　（a+b）*（x+y）

C51 语言中规定了运算符的优先级和结合性。在求一个表达式的值时，要按运算符的优先级别进行。算术运算符中取负值的优先级最低。需要时可在算术表达式中采用圆括号来改变运算符的优先级。

2. 赋值运算符

赋值运算符（＝），在 C51 中的功能是给变量赋值。它的作用是将一个数据赋给一个变量。

例如：a=3; // 把常数 3 赋给变量 a

由赋值运算符将一个变量和一个表达式连接起来的式子称为赋值表达式。其一般格式为：

变量　　赋值表达式　　表达式

如 i=5；是一个赋值表达式，其求解过程是：将赋值运算符右侧表达式的值赋给左侧的变量。赋值表达式的值就是被赋值变量的值。i=5，这个赋值表达式的值为 5（变量 i 的值也为 5）。

赋值表达式中的"表达式"，还可以是另一个赋值表达式。

例如：a=（b=10）；

括号内的"b=10"是一个赋值表达式，它的值是 10，"a=（b=10）"相当于"b=10"和"a=10"两个赋值表达式，因此 a 的值等于 10，整个表达式的值也等于 10。

3. 自增、自减运算符

C51 语言中除了基本的加、减、乘、除运算符之外，还提供一种特殊的运算符：

++　　// 自增运算符

－－　　// 自减运算符

自增和自减运算符的作用是使变量加 1 或减 1。

＋＋i 使用 i 的值之前先使 i 加 1，然后再使用 i 的值；

－－i 使用 i 的值之前先使 i 减 1，然后再使用 i 的值；

i＋＋ 使用完 i 的值以后，再让 i 的值加 1；

i－－ 使用完 i 的值以后，再让 i 的值减 1。

4. 关系运算符

C51 语言中的关系运算符见表 3-3-2。

说明：

① 前 4 种关系运算符（<、<=、>、>=）优先级相同，（＝＝、!=）后两种关系运算符的优先级相同，前 4 种的优先级高于后两种。

② 关系运算符的优先级低于算术运算符。

表 3-3-2　C51 语言中的关系运算符

符　号	含　义
<	小于
<=	小于等于
>	大于
>=	大于等于
==	等于
!=	不等于

③ 关系运算符的优先级高于赋值运算符。

用关系运算符将两个表达式连接起来的式子称为关系表达式。关系表达式的一般格式为：

表达式 1　关系运算符　表达式 2

关系表达式的值只有两种可能，即"真"和"假"。如果运算结果是"真"，用数值"1"表示；如果运算结果是"假"，则用数值"0"表示。

例如：a=2，b=3，c=1 则

a>b 的值为 0；

a<c+b 的值为 1；// 先计算 c+b，值为 4，再比较 a<4，结果为真，故值为 1

a+c<b 的值为 0；// 先计算 a+c，值为 3，再比较 3<b，结果为假，故值为 0

5. 位运算符

位运算符是用来进行二进制运算的运算符，包括逻辑位运算符和移位运算符，见表3-3-3。

表 3-3-3　位运算符

&	|	~	^	<<	>>
按位与	按位或	按位取反	按位异或	左移	右移

位运算表达式一般格式为：

表达式 1　位运算符　表达式 2

位运算也有优先级，从高到低如图 3-3-2 所示。

图 3-3-2　位运算符优先级

● &：按位与运算符。它实现"必须都有，否则都没有"的运算。其运算规则如下：

0&0=0　0&1=0　1&0=0　1&1=1

在实际应用中，按位"与"运算常用来对某些位清零或保留某些位。

例如：A 的值为 10100011，只想保留 A 的低四位，则用 A&00001111。

$$\begin{array}{r} 10010010 \\ \&\ 00001111 \\ \hline 00000010 \end{array}$$

● |：按位或运算符。它实现"只其中之一有，就有"的运算。其运算规则如下：

0|0=0　0|1=1　1|1=0　1|1=1

在实际应用中，按位"或"运算常用来将一个数值的某些位定值为"1"。

例如：A 的值为 11111100，想要把 A 最低位定值为"1"，则用 A|00000001。

$$\begin{array}{r} 11111100 \\ |\ 00000001 \\ \hline 11111101 \end{array}$$

● ~：按位取反运算符。它实现"是非颠倒"的运算。其运算规则如下：

~0=1　~1=0

例如：A 的值为 11110000，按位取反 ~A= ~11110000=00001111。

● ^: 按位异或运算符：它实现"两个不同就有，相同就没有"的运算。其运算规则如下：
0^0=0　0^1=1　1^1=0　1^1=0

在实际应用中，"异或"运算常用来使数值的特定位翻转。

例如：A 的值为 10010101，想将 A 的低四位翻转，即 0 变 1，1 变 0，则用 A^00001111。

$$
\begin{array}{r}
10010101 \\
^\wedge\ 00001111 \\
\hline
10011010
\end{array}
$$

● <<：左移运算符，见表 3-3-4。它实现二进制的每一位都左移若干位的运算。其运算规则如下：高位移除，低位补 0。

表 3-3-4　左移运算

A 的值左移 1 位	高位移出 1 位	低位补 1 个 0
1111 1110<<1	1111 110	1111 1100

● >>：右移运算符，见表 3-3-5。它实现二进制的每一位都右移若干位的运算。其运算规则如下：低位移除，高位补 0。

表 3-3-5　右移运算

A 的值右移 1 位	低位移出 1 位	高位补 1 个 0
0111 1111>>1	011 1111	0011 1111

6. 逻辑运算符

C51 语言提供了 3 种逻辑运算符，见表 3-3-6。

表 3-3-6　逻辑运算

名　称	符　号	逻辑功能
逻辑与	&&	有 0 则 0，全 1 为 1
逻辑或	‖	有 1 则 1，全 0 为 0
逻辑非	!	0 变 1，1 变 0

说明：C51 语言编译系统在给出逻辑运算的结果时，用"1"表示"真"，而用"0"表示"假"，但是在判断一个量是否是"真"时，以"0"代表"假"，而以"1"代表"真"。

逻辑运算符的优先级如图 3-3-3 所示。

! （逻辑非）　➡　&&（逻辑与）　➡　‖（逻辑或）

图 3-3-3　逻辑运算符优先级

例如：若 a=2，b=3，c=1。

a=!a; // 因为 a=2 为真（1），所以 !a 为假（0），故 a=0

b=a‖b; // 因为 a、b 均为真（1），所以 a‖b 为真（1），故 b=1

c=a&&b‖c; // 因为 a、b、c 均为真（1），所以 a&&b 为真（1），故 c=1

7. 复合赋值运算符

复合赋值运算符就是在赋值运算符 "=" 的前面加上其他运算符，见表 3-3-7。

表 3-3-7　复合赋值运算符

符　号	含　义
+ =	加法赋值
>>=	右移位赋值
− =	减法赋值
& =	逻辑与赋值
* =	乘法赋值
| =	逻辑或赋值
/ =	除法赋值
^ =	逻辑异或赋值
% =	取模赋值
~ =	逻辑非赋值
<<=	左移位赋值

复合运算的一般格式为：

变量　复合赋值运算符　表达式

其含义就是变量与表达式先进行运算符所要求的运算，再把运算结果赋值给参与运算的变量。例如：

a+=3 等价于 a=a+3　x*=y+8 等价于 x=x（y+8）

二、程序

1. 程序的构成

一个完整的 C 程序可由一个主函数和若干个子函数组成，由主函数调用子函数，子函数也可互相调用。同一个函数可以被一个或多个函数调用任意多次。C 语言中的主函数为 main（）函数。例如：

```
#include<reg51.h>          //8051 单片机头文件
#define uchar unsigned char  // 数据类型宏定义，用 uchar 代替 unsigned char
#defien uint unsigned int    // 数据类型宏定义，用 uint 代替 unsigned int
void delay_ms（uint x）      // 定义延时函数，返回值为 x
{
    ......
}
void main（void）            // 定义主函数，返回值为空
{
    while（1）               //while 死循环
    {
        ......
    }
}
```

分析程序的运行过程，主函数是程序运行的开始。程序从主函数的函数体第一行开始执行，直至 while 循环之前，这一部分在每次系统复位后会顺序执行一次，程序中变量的声明、系统初始化等可以放在这一部分运行。之后程序进入由 while 语句构成的主循环中，这一部分语句在程序运行时会无限循环执行。主函数的运行过程如图 3-3-4 所示。

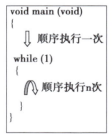

图 3-3-4　主函数运行过程

2. 程序的注释

为了提高程序的可读性，要在程序行的适当位置加入注释。注释形式一般有两种：

单行注释：直接在该行需要注释的地方加 "//"。其格式为：

// 注释文字及符号

"//"后面的部分就被注释了，在程序编译时不起作用，但"//"前面的部分不受影响。

多行注释：在需要注释的段落开始位置加入"/*"，在结束位置加入"*/"。其格式为：

```
/*
  注释文字
  注释文字
  ......
*/
```

其中"/*"和"*/"起限定范围的作用，该范围内的语句都会被注释掉，将不再起作用。当然，多行注释也可以用来单行注释。

3. 局部变量与全局变量

一个 C 语言程序中的变量可以被这个程序中的所有函数使用，也可以仅在一个函数中有效。这就是 C 语言中引入的局部变量和全局变量。

● 局部变量：在一个函数内部定义的变量，它只在本函数范围内有效，即只有在本函数内才能使用此变量。例如：

```
void sum（ ）              // 本函数中有 3 个变量 a，b，c 为局部变量
{
    int a，b，c；
}
void main（ ）            // 主函数中有两个变量 n，m 为局部变量
{
    char n，m；
}
```

说明：不同函数中可以使用相同名字的变量，它们代表不同的对象，互不干扰，在内存中占不同的内存单元。

● 全局变量：在函数之外定义的变量。全局变量可以在本文件中供所有的函数使用。它的有效范围从定义变量的位置到本源文件结束。例如：

```
char n，m；//n，m 变量定义在函数外部，为全局变量
void delay_ms（ ）
{
    ......
}
void main（ ）
{
    ......
}
```

三、循环语句

在实际应用中经常会遇到一个操作需反复执行的情况，而循环流程结构就能实现重复

性操作控制，充分利用计算机运行速度快的特点高效完成大量重复的运算任务。循环结构分为当型循环和直到循环两类，构成循环结构的常用语句有 while、do—while 和 for 等。

1. while 语句

while 语句用来实现当型循环结构，其一般形式如下：

while（表达式）

{

 语句；

}

执行过程：当表达式的值为真（非 0）时，执行 while 语句中的内嵌语句。其特点是：先判断表达式，后执行语句。执行流程如图 3-3-5 所示。

2. do…while 语句

do…while 语句用来实现直到循环，特点是先执行循环体，然后判断循环条件是否成立。其一般形式如下：

do

{

 语句；

}

while（表达式）；

执行过程：执行 do 后面的语句，再判断表达式的值为真（非 0）时，继续执行语句，否则退出。其特点是：先执行语句，后判断表达式。执行流程如图 3-3-6 所示。

对同一个问题，既可以用 while 语句处理，也可以用 do…while 语句处理，但是这两个语句是有区别的。

图 3-3-5　while 语句执行流程　　图 3-3-6　do…while 语句执行流程

3. for 语句

C 语言中的 for 语句使用最为灵活，它不仅可以用于循环次数已经确定的情况，而且可以用于循环次数不确定，只给出循环结束条件的情况。它既可以包含一个索引计数变量，也可以包含任何一种表达式。

for 语句的一般形式为：

for（表达式 1 ；表达式 2 ；表达式 3 ）

{

 语句；

}

for 语句执行过程：

① 求解表达式 1；

② 求解表达式 2，若其值为"真"，则执行 for 语句中指定的循环语句，然后执行第③步；如果为"假"结束循环转到第⑤步；

③ 求解表达式 3；

④ 转回上面的第②步执行；

⑤ 退出 for 循环，执行循环语句的下一条语句。

for 语句执行过程的流程图如图 3-3-7 所示。

除了重复的循环指令体外，表达式模块由 3 个部分组成：

第 1 部分：表达式 1 是初始化表达式；

第 2 部分：表达式 2 是关系表达式；

第 3 部分：表达式 3 是增量或减量表达式。

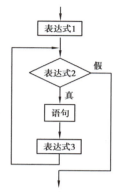

图 3-3-7　for 语句执行流程

任务实施

一、任务分析

要使发光二极管产生移动效果，可以让一个发光二极管亮一段时间后熄灭，然后转移到下一个发光二极管，使其亮一段时间后熄灭……周而复始。流水灯原理见表 3-3-8。

表 3-3-8　流水灯原理

发光二极管编号	二进制编码	十六进制编码
D1 亮	1111 1110	0xfe
D2 亮	1111 1101	0xfd
D3 亮	1111 1011	0xfb
D4 亮	1111 0111	0xf7
D5 亮	1110 1111	0xef
D6 亮	1101 1111	0xdf
D7 亮	1011 1111	0xbf
D8 亮	0111 1111	0x7f

方法一：顺序结构 D1 亮 → D2 亮 → D3 亮 → D4 亮 → D5 亮 → D6 亮 → D7 亮 → D8 亮。这种方法的程序简单，容易理解，但程序自执行效率比较低，浪费单片机资源。

方法二：采用位运算符及其循环语句，这样可以简化程序，节约单片机资源，提高程序执行效率，原理见表 3-3-9。

表 3-3-9　采用位运算符的原理

发光二极管编号	二进制编码	左移 1 位	0x01 相或运算	下一个发光二极管亮
D1 亮	1111 1110	1111 1100	1111 11101	D2 亮
D2 亮	1111 1101	1111 1010	1111 1011	D3 亮

续表

发光二极管编号	二进制编码	左移 1 位	0x01 相或运算	下一个发光二极管亮
D3 亮	1111 1011	1111 0110	1111 0111	D4 亮
D4 亮	1111 0111	1110 1110	1110 1111	D5 亮
D5 亮	1110 1111	1101 1110	1101 1111	D6 亮
D6 亮	1101 1111	1011 1110	1011 1111	D7 亮
D7 亮	1011 1111	0111 1110	0111 1111	D8 亮
D8 亮	0111 1111			

表达式：num=num<<1|0x01；// 定义一个保存移位运算的变量 num

二、程序设计

程序流程图如图 3-3-8 所示。

参考程序：

```
#include<reg51.h>
#define uchar unsigned char
#define uint unsigned int
void delay_ms（uint x）
{
    uchar i;
    while（x--）
    for（i=0；i<123；i++）；
}
void main（void）
{
    uchar num，i;
    num=0xfe；
    for（i=0；i<8；i++）
  {
      P1=num；
      delay_ms（500）；
      num=num<<1|0x01；    // 下一个发光二极管点亮
  }
}
```

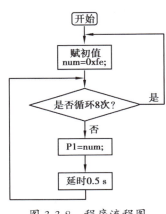

图 3-3-8　程序流程图

三、电路仿真

1.绘制电路图

打开 Proteus 软件，建立"流水灯"文件，绘制电路仿真图，并保存。绘制完成的电路仿真图如图 3-3-9 所示。

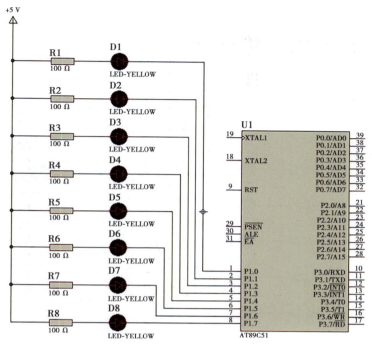

图 3-3-9　绘制电路图

2. 编写程序

打开 Keil 软件，创建"lsd"工程文件，创建"lsd.c"文件，编写程序，并生成 hex 文件。编写完成后的程序如图 3-3-10 所示。

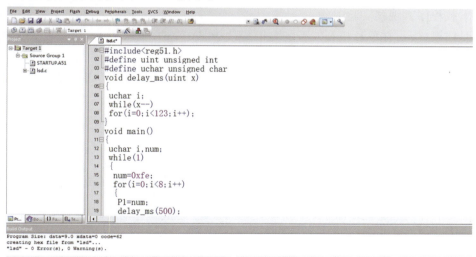

图 3-3-10　编写程序

3. 电路仿真

双击"AT89C51"元件，加载已生成的 hex 文件，并仿真查看结果。仿真结果如图 3-3-11 所示。

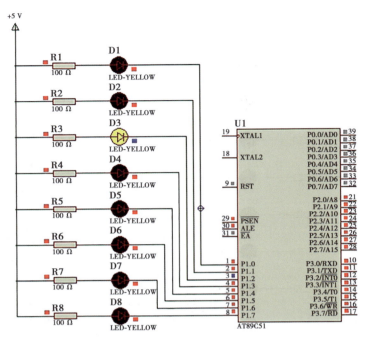

图 3-3-11　仿真结果

仿真结果显示：8 个发光二极管依次点亮呈现流水灯的效果。

四、单片机开发板操作

①连接单片机开发板，并打开电源开关。

②打开程序下载软件，设置"LED 流水灯"程序的 hex 文件路径。

③下载程序，观察实验现象。

操作演示

实验结果显示，在单片机开发板的 LED 模块中，D1 至 D7 依次亮灭，形成流水灯的效果。通过不断探索、尝试可以实现不同效果的流水灯。

作为新时代的青年要有不断创新、不怕吃苦的精神，为实现中华民族伟大复兴，建设科技强国作出应有的贡献。

学习评价与总结 🖊

一、学习评估

评价内容		自　评	小组评价	教师评价
		优☆　良△　中√　差 ×		
知识与技能	①能灵活运用 C51 中的各种运算符			
	②能灵活运用循环语句编写程序			
	③能描述流水灯的工作原理			
	④能设计及编写流水灯程序			
	⑤能绘制与仿真流水灯程序电路			

续表

评价内容		自　评	小组评价	教师评价
		优☆　良△　中√　差×		
职业素养	① 具有安全用电意识			
	② 安全操作设备			
	③ 笔记记录完整准确			
	④ 符合"6S"管理理念			
综合评价				

二、学习总结

（1）你的收获有哪些？

（2）你还有哪些知识没有掌握好？

任务拓展 ✐

学习了前面的流水灯程序设计后，设计一个依次点亮的流水灯程序。原理见表3-3-10。

表 3-3-10　流水灯原理

发光二极管编号	二进制编码
D1 亮	1111 1110
D1、D2 亮	1111 1100
D1、D2、D3 亮	1111 1000
D1、D2、D3、D4 亮	1111 0000
D1、D2、D3、D4、D5 亮	1110 0000
D1、D2、D3、D4、D5、D6 亮	1100 0000
D1、D2、D3、D4、D5、D6、D7 亮	1000 0000
D1、D2、D3、D4、D5、D6、D7、D8 亮	0000 0000

任务检测 ✐

一、填空题

1.算术运算符包括_____、_____、_____、_____和_____。

2.实现赋值操作的运算符是_____，它的作用是_____。

3.i++ 和 ++i 都是使变量加 1 的运算，其中 i++ 是_____，而 ++i 是_____。

4.关系表达式的值只有两种可能，即_____和_____。如果运算结果是"真"，用数值_____表示；如果运算结果是"假"，则用数值_____表示。

5.在函数之外定义的变量称为_____。

6.循环结构分为_____和_____两类，构成循环结构的常用语句有 while、do…while 和 for 等。

7.计算下列表达式的值：1111 1110<<2=_____；11101110>>1=_____；

1110&1101=_____；~0111 0011=_____。

8. for（表达式 1；表达式 2；表达式 3）语句中，其中表达式 1 为_____表达式；表达式 2 为_____表达式；表达式 3 为_____表达式。

9. 已知 int x=5；执行表达式 y=x++ 后的值是_____；执行表达式 y=++x 后的值是_____。

10. 当型循环是先_____，后_____；而直到循环是先_____，后_____。

二、判断题

1. 局部变量只在相应程序内有效。 （ ）

2. 主函数中定义的变量为全局变量。 （ ）

3. delay_ms（uint x）中的参数"x"为形式参数。 （ ）

4. delay_ms（500）中的"500"为实际参数。 （ ）

5. "/* ……*/"只可以注释多行语句。 （ ）

三、综合题

电路如图 3-3-1 所示，试编写程序完成花样流水灯程序设计。功能要求：

（1）发光二极管从上到下亮；

（2）发光二极管从下到上亮；

（3）发光二极管从中间往上下亮；

（4）发光二极管从上下往中间亮。

项目四
单片机控制数码管

项目描述

　　半导体数码管通常用来显示不同的数字或字符，向使用者传达各种信息，其应用十分广泛。本项目主要学习通过单片机控制数码管的显示，共分为 3 个任务：任务一数码管静态显示；任务二数码管动态显示；任务三电子秒表制作与实现。通过以上学习使学生掌握数码管的工作原理及显示方式。为后续内容的学习打下基础。

任务一　控制数码管静态显示

任务目标 🖋

　　◎知识目标：能解释数码管的工作原理和静态显示原理；

　　　　　　　　能描述 C 语言的数组。

　　◎技能目标：能对数字和字符进行编码；

　　　　　　　　能编写数码管静态显示的 C 语言程序。

　　　　　　　　能利用 Proteus 软件仿真和单片机开发板调试程序。

　　◎素养目标：体验数码管在生活实际中的应用；

　　　　　　　　激发学生学习单片机编程的兴趣。

任务描述 🖋

　　AT89C51 单片机的 P1 端口（P1.0—P1.7）连接到一个共阳数码管的 a—h 字段上。编写程序实现在数码管上循环显示 0 ～ 9 数字。电路原理图如图 4-1-1 所示。

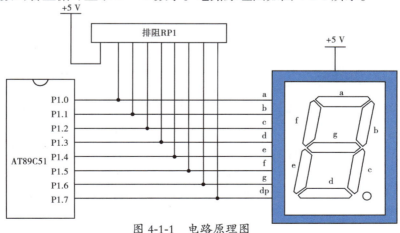

图 4-1-1　电路原理图

知识链接 ✎

一、半导体数码管

半导体数码管是一种半导体发光器件，其基本单元是发光二极管，具有工作电压低、体积小、寿命长、工作可靠、响应速度快、亮度高的优点，广泛应用于各种显示电路中。它的主要应用方式是用发光二极管来组成字形显示数字、字符。数码管实物及原理如图4-1-2 所示。

图 4-1-2　数码管实物和原理图

半导体数码管按段数分为七段数码管和八段数码管，八段数码管比七段数码管多一个发光二极管（多一个小数点显示），其他的基本相同。半导体数码管，把二极管排列成"日"字，通过控制不同二极管的亮灭来显示不同的数字及字符等。

发光二极管按单元连接方式分为共阴数码管和共阳数码管，内部电路结构如图 4-1-3 所示。

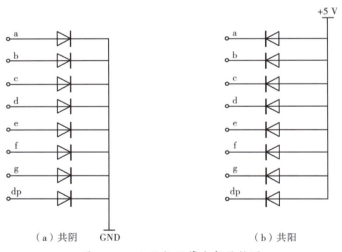

图 4-1-3　七段数码管内部结构图

如图 4-1-3（a）所示，共阴数码管是指发光二极管的阴极接到一起形成公共阴极的数码管。应用时就将公共极接到地线（GND）上。当某个字段发光二极管的阳极为高电平时，相应字段就被点亮；当某一字段的阳极为低电平时，相应字段就不亮，称为高电平驱动。

如图 4-1-3（b）所示，共阳数码管是指发光二极管的阳极接到一起形成公共阳极的数码管。应用时就将公共极接到 +5 V 电源上。当某个字段发光二极管的阴极为低电平时，相应字段就被点亮；当某一字段的阴极为高电平时，相应字段就不亮，称为低电平驱动。

例如：如果要在数码管上显示数字"0"，共阴数码管和共阳数码管的编码见表 4-1-1。

表 4-1-1　数码管编码

数码管	dp g f e d c b a	编码
共阳数码管	1 1 0 0 0 0 0 0	0xfc
共阴数码管	0 0 1 1 1 1 1 1	0x3f

可以看到共阳数码管和共阴数码管对同一个数字的编码正好相反。数码管显示字符0—f的段编码见表 4-1-2。

表 4-1-2　数码管显示字符 0—f 的段编码

字　符	共　阳	共　阴	字　符	共　阳	共　阴
0	0xC0	0x3f	8	0x80	0x7f
1	0xf9	0x06	9	0x90	0x6f
2	0xa4	0x5b	A	0x88	0x79
3	0xb0	0x4f	B	0x83	0x7c
4	0x99	0x66	C	0xc6	0x39
5	0x92	0x6d	D	0xa1	0x5e
6	0x82	0x7d	E	0x86	0x79
7	0xf8	0x07	F	0x8e	0x71

二、数码管的显示方式

按照驱动数码管的不同方法，可以将数码管的显示方式分为静态显示和动态显示。

1. 静态显示

静态显示就是在数码管工作时，让数码管持续点亮。在每个数码管的段驱动端都要连接一组 8 位数据线来保持显示字形。静态驱动的优点是编程简单，显示亮度高。缺点是占用 I/O 端口较多。例如，驱动 8 位数码管显示 8×8=64 个端口，在 51 单片机可用的 I/O 端口只有 32 个。实际应用时必须增加译码器才能完成工作，从而增加了电路设计的复杂性和成本。静态显示一般用于显示位数较少的场合。51 单片机系列使用静态显示方式驱动数码管的电路图如图 4-1-4 所示。

2. 动态显示

静态显示时数码管的每一位都是常亮的，而动态显示时，数码管是逐位轮流点亮的，对每一位数码管而言，是每隔一段时间才被点亮一次，利用人眼的视觉暂留原理，看起来多个数码管相当于同时显示了，8 位数码管的动态显示驱动电路图如图 4-1-5 所示。

在动态显示中，数码管的所有同名端驱动端都连接在一起，单片机使用一组 I/O 端口分别驱动这些段码端，而数码管的每一个位驱动端都由另外一个 I/O 端口驱动。在显示时单片机轮流向各个数码管送出字形的段码和相应的位码，将多个数码管依次点亮。

动态显示的优点：既能节省单片机的 I/O 端口，又能简化电路降低硬件成本，因此得到了广泛应用；缺点：数码管的显示亮度比静态显示要低，字符显示有闪烁感，但这些缺点可以通过减小限流电阻、提高程序刷新频率的方法来解决。

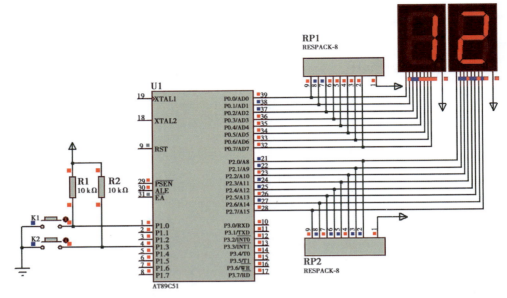

图 4-1-4　数码管静态显示电路图

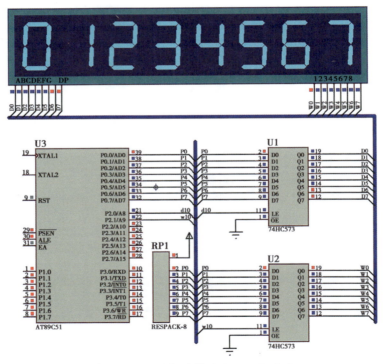

图 4-1-5　8 位数码管动态显示电路图

三、C 语言的数组

数组是同一类型变量的有序集合。可以这样理解，就像一个学校的学生在操场上排队，每一个年级代表一个数据类型，每个班级为一个数组，每一个学生就是数组中的一个数据。数组中的每个数据都能用唯一的下标来确定其位置，下标是一维或多维的。就如同在学校的方队中要找一个学生，这个学生在 I 年级 H 班 X 组 Y 号，那么把这个学生看成在 I 类型的 H 数组的（X，Y）下标位置中。

1. 数组的定义

数组和普通变量一样，要求先定义才能使用，一维数组和多维数组定义的一般形式为：

数据类型　数组名［常量表达式］；

数据类型　数组名［常量表达式 1］［常量表达式 2］……［常表达式 n］；

"数据类型"是指数组中各数据单元的类型，每个数组中的数据单元只能是同一数据类型。"数组名"是整个数组的标识，其命名方式和变量命名方式一样。在编译时系统会根据数组的大小和类型为变量分配空间，数组名可以说就是所分配空间的首地址的标识。"常量表达式"是表示数组的长度和维数，它必须用"［ ］"括起来，括号里的数不能是变量，只能是常量。例如：

unsigned char shuma［10］；// 定义无符号整型一维数组，有 10 个数据单元

unsigned char data［5］［8］；// 定义无符号整型二维数组，有 40 个数据单元

在 C 语言中数组的下标是从 0 开始，而不是从 1 开始，如一个具有 10 个数据单元的数组 shuma，它的下标就是从 shuma［0］到 shuma［9］，引用单个元素就是数组名加下标，如 shuma［1］就是引用 shuma 数组中的第 2 个元素。

★注意★

在程序中只能逐个引用数组的元素，不能一次引用整个数组，但是字符型的数组就能一次引用整个数组。

2. 数组的赋值

数组中的值，可以在程序运行期间用循环和键盘输入语句进行赋值，但这样做将降低了单片机的工作效率，可以在定义数组的同时，给数组赋初值。

赋初值的方法如下：

数据类型 数组名［常量表达式］= { 常量表达式 }；

数据类型 数组名［常量表达式 1］……［常量表达式 2］= {{ 常量表达式 1}……{ 常量表达式 n}}；

共阳数码管 0-9 段码数组 unsigned char shuma［10］={ 0xC0，0xF9，0xA4，0xB0，0x99，0x92，0x82，0xF8，0x80，0x90}；// 数组元素之间用逗号隔开

int a［2］［3］={{1，3，5}，{2，4，6}}；// 二维数组赋初值

对部分元素赋初值，例如：

unsigned char lsd［2］= {1}；//{1，0}

unsigned int a［2］［3］= {{1，2}，{2}}；//{{1，2，0}，{2，0，0}}

任务实施 ✐

一、任务分析：

在一个数码管上显示数字 0 ~ 9，在单片机段码控制端口采用数组的方式，可以简化程序。段码数组定义为：

uchar shuma［10］= { 0xC0，0xF9，0xA4，0xB0，0x99，0x92，0x82，0xF8，0x80，0x90}；

二、程序设计

程序流程图如图 4-1-6 所示。

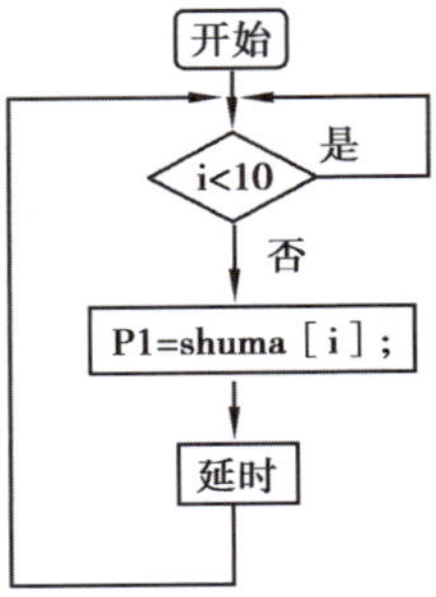

说明：变量 i：10 次循环计数。P1=shuma［i］：数码管显示数字 0 ~ 9。

参考程序：

图 4-1-6　程序流程图

```c
#include<reg51.h>
#define uint unsigned int
#define uchar unsigned char
uchar shuma［10］={
0xC0，0xF9，0xA4，0xB0，0x99，0x92，0x82，0xF8，0x80，0x90}; //0—9 段码
void delay_ms（uint x）
{
  uchar i;
  while（x--）
  for（i=0；i<123；i++）;
}
void main（）
{
  uchar i;
  while（1）
  {
    for（i=0；i<10；i++）
    {
      P1=shuma［i］；// 当 i=0 时，调用数组中第 1 个元素 0xc0，数码管上显示"0"
      delay_ms（200）;
    }
  }
}
```

三、电路仿真

1. 绘制电路图

打开 Proteus 软件，创建"数码管静态显示"文件，绘制电路图。元件清单见表 4-1-3。绘制完成的电路图如图 4-1-7 所示。

表 4-1-3　元件清单

元件名称	库名称	元件名称	库名称
单片机	AT89C51	排阻	RESPACK-8
共阳数码管	7SEG-MPX1-CA		

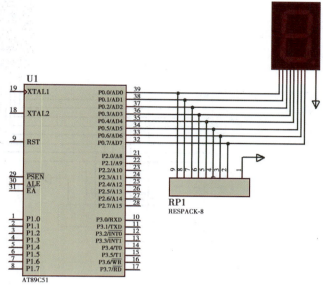

图 4-1-7　绘制电路图

2. 编写程序

打开 Keil 软件，新建"数码管静态显示"工程文件，新建"seg.c"文件。编写程序，并生成 hex 文件。编写完成的程序如图 4-1-8 所示。

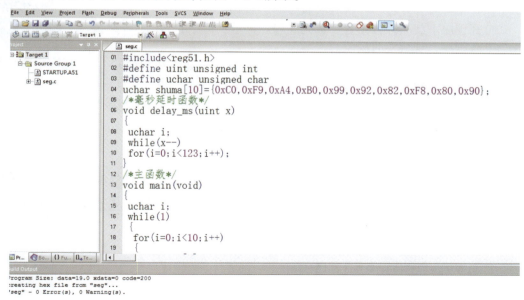

图 4-1-8　编写程序

3. 电路仿真

加载 hex 文件，单击"仿真"按钮，仿真电路。仿真结果如图 4-1-9 所示。

仿真视频

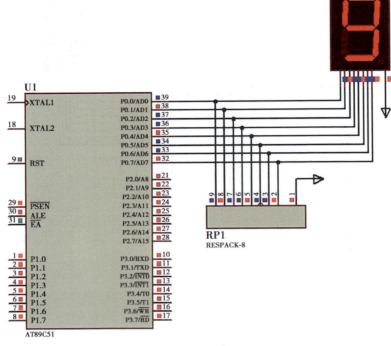

图 4-1-9　仿真结果

操作演示

四、单片机开发板操作

①连接单片机开发板，并打开电源开关。
②打开程序下载软件，设置"数码管静态显示"程序的 hex 文件路径。
③下载程序，观察实验现象。

实验结果显示，在单片机开发板的数码管模块中，显示数字"9"。在程序中改变数字或字符的段码，即可显示其他数字或字母。

在编写程序时，一定要学会读图和识图，熟悉电路的结构，才能更好地编写好程序。

学习评价与总结 ✎

一、学习评估

评价内容		自　评	小组评价	教师评价
		优☆　良△　中√　差×		
知识与技能	①能描述数码管静态显示的工作原理			
	②能描述 C 语言数组的概念			
	③能编写数码管静态显示程序			
	④能绘制电路图			
	⑤能调试仿真程序电路			
职业素养	①具有安全用电意识			
	②安全操作设备			
	③笔记记录完整准确			
	④符合"6S"管理理念			
综合评价				

二、学习总结

（1）你的收获有哪些？

（2）你还有哪些知识没有掌握好？

任务拓展 🖉

分析电路，并编写程序，实现在两位共阳数码管上显示 00 ~ 99 的功能。电路图如图 4-1-10 所示。

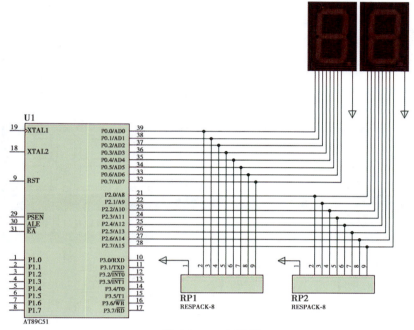

图 4-1-10 电路图

任务检测 🖉

一、填空题

1. 数码管按发光二极管内部连接方式，可分为_____数码管和_____数码管。

2. 一维数组定义的一般形式为_____。

3. 共阳数码管的结构是 8 个发光二极管的_____极接电源的正极。

4. 共阳、共阴数码管对"0"的编码分别是_____和_____。

5. 数组 a［3］={1, 2} 的完整元素为_____。

6. 在程序中只能_____引用数组的元素，不能一次引用整个数组，但是字符型的数组就能一次引用整个数组。

7. 数组的中括号里的表达式表示数组的_____和_____。

二、判断题

1. 数码管动态显示时，能节省单片机的 I/O 端口。（   ）

2. 所有数组只能逐个引用其中的元素。（   ）

3. 二维数组中括号中的数字表示该数组的长度和维度。（   ）

4. 共阳数码管和共阴数码管的编码刚好相反。（   ）

任务二　控制数码管动态显示

任务目标 ✐

　　◎知识目标：能解释数码管动态显示原理；

　　　　　　　　能描述锁存器 74HC573 的工作原理。

　　◎技能目标：能编写数码管动态显示的 C 语言程序；

　　　　　　　　能利用 Proteus 软件仿真和单片机开发板调试程序。

　　◎素养目标：培养学生细心、严谨的编程习惯；

　　　　　　　　培养学生的爱岗敬业精神。

任务描述 ✐

　　利用数码管动态显示方式，编写程序在 8 位共阳数码管上显示数字 0~7，电路原理图如图 4-2-1 所示。

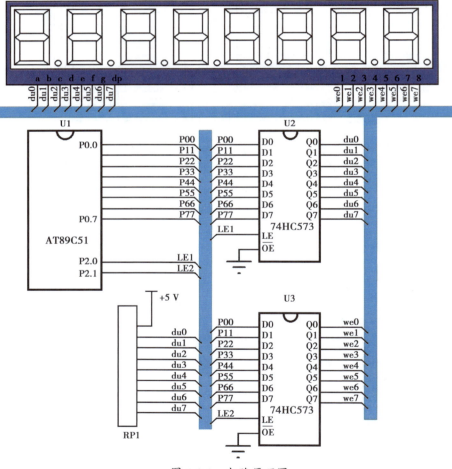

图 4-2-1　电路原理图

知识链接 ✐

　　一、数码管动态显示原理

　　8 位共阳数码管内部结构如图 4-2-2 所示。

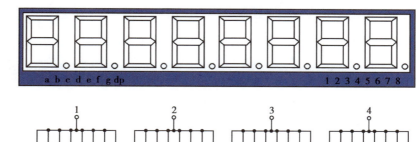

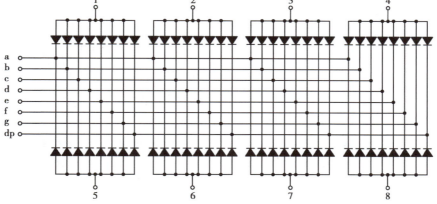

图 4-2-2　8 位共阳数码管内部结构

　　根据组合位数的不同，数码管分为 2 位数码管、4 位数码管、6 位数码管、8 位数码管等。组合位数在 2 位或 2 位以上的数码管统称为多位数码管。多位数码管是将每只数码管的相同段信号引脚连接在一起，然后统一由 a、b、c、d、e、f、g、dp 引出作为段控制端，各只数码管公共端分别引出作为位控制端。在输入段信号时，每位数码管都会得到相同的段信号。若多位数码管同时显示，则显示的数字必然相同。要多位数码管分别显示不同数字，需要进行动态扫描。数码管动态扫描方法为：依次输出要显示的位置和内容，显示位置由位控制端完成，显示内容由段控制端完成。

二、锁存器 74HC573

　　锁存器是数字电路中具有记忆功能的一种逻辑元件。锁存就是把信号暂存以维持某种电平状态，在数字电路中可以记录二进制数字信号"0"和"1"。74HC573 是拥有 8 路输出的 D 型透明锁存器，如图 4-2-3 所示。其真值表见表 4-2-1 所示。

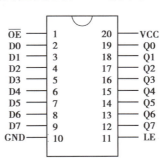

图 4-2-3　锁存器 74HC573

74HC573 输入控制端口说明：

OE：三态输出使能控制端。为 1 时，输出高阻态；为 0 时，输出高电平或低电平。

LE：锁存使能输入控制端。为 1 时，输出和输入直通，输出受输入信号控制；为 0 时，输出锁存数据，输出不受输入信号控制。

表 4-2-1　74HC573 真值表

输　入			输　出
OE	LE	D	Q
H	X	X	Z
L	H	H	H
L	H	L	L
L	L	X	Q0

由 74HC573 真值表可知，74HC573 工作原理为：

OE=1 时：不使能三态输出功能，所有输出为高阻态。

OE=0 时：使能三态输出功能，输出端输出高或低电平。

① LE=1 时：不使能锁存输出功能，输入输出直通，输出信号受输入信号控制。输入 1 直接输出 1，输入 0 直接输出 0。

② LE 为下降沿时：完成数据锁存，输入数据保存到锁存器中。输入 1 锁存 1，输入 0 锁存 0。

③ LE=0 时：使能锁存器输出功能，输出锁存的数据，输出不再受输入控制，而是由锁存器中锁存的数据决定。

由于 74HC573 具有锁存输出功能，并且每路只需要微安级别的输入电流，就能实现几毫安电流的输出，所以常在单片机系统中使用它来扩展 I/O 端口和增大输出电流。

任务实施 ✐

一、任务分析

本任务要完成数码管动态显示，利用 74HC573 的锁存输出功能，输出锁的数据，不受输入数据的影响。所以把数码的段码和位码都用单片机的 P0 端口输出。在程序设计中，把数码管的显示驱动程序单独定义，这样增强了主函数的可读性和逻辑性。

编写数码管动态显示驱动程序，基本函数如下：

- 写段码函数：void writeduan（uchar x）；
- 写位码函数：void writewei（uchar x）；
- 8 位数码管动态扫描显示函数：void display（）。

二、程序设计

数码管动态显示的程序流程图如图 4-2-4 所示。

参考程序：

```
#include<reg51.h>
#define uint unsigned int
#define uchar unsigned char
#define leddata P0              // 定义 leddata 为 P0 口
sbit du=P2^0;                   //74HC573 段码使能端
sbit we=P2^1;                   //74HC573 位码使能端
uchar a［8］；                    //8 位数码管显示缓存区
```

```
uchar shuma［10］={
0xC0，0xF9，0xA4，0xB0，0x99，0x92，0x82，0xF8，0x80，0x90}；//0—9 段码
void delay_ms（uint x）
{
 uchar i；
 while（x--）
 for（i=0；i<123；i++）；
}
/* 写段码函数 */
void writeduan（uchar x）
{
  leddata=x；                          // 送段码到 P0 口
  du=1；du=0；                          // 完成段码锁存
}
/* 写位码函数 */
void writewei（uchar x）
{
  leddata=x；                          // 送位码到 P0 口
  we=1；we=0；                          // 完成位码锁存
}
/*8 位数码管动态扫描显示函数 */
void display（）
{
  uchar i，wei；
  wei=0x01；                           // 位码赋初值，第 1 位数码管显示
  for（i=0；i<8；i++）                   //8 位数码管依次扫描完
 {
    writeduan（shuma［a［i］］）；        // 根据显示缓存区内容查询 shuma 数组
    writewei（wei）；                   // 在相应的位显示
    delay_ms（2）；                     // 显示约 2 ms
    writewei（0x00）；                  // 熄灭所有位，消除重影
    wei=wei<<1；                       // 下一位数码管显示
  }
}
/* 主函数 */
void main（）
{
  uchar i；
  while（1）
```

```
    {
        for（i=0；i<8；i++）
        {a［i］=i；}
        display（）；
    }
}
```

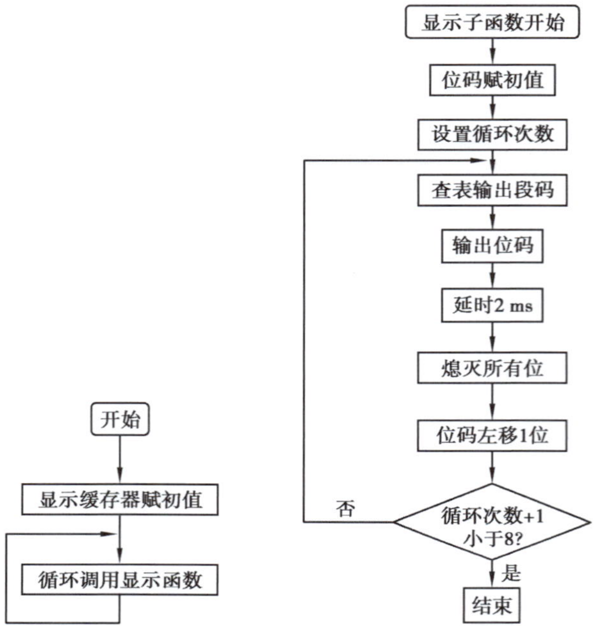

图 4-2-4　程序流程图

（a）主函数流程图　　　（b）显示函数流程图

三、电路仿真

1. 绘制电路图

打开 Proteus 软件，创建"数码管动态显示"文件，绘制电路图。元件清单见表 4-2-2。绘制完成的电路图如图 4-2-5 所示。

表 4-2-2　元件清单

元件名称	库名称	元件名称	库名称
单片机	AT89C51	排阻	RESPACK-8
8 位共阳数码管	7SEG-MPX8-CA-BLUE	锁存器	74HC573

2. 编写程序

打开 Keil 软件，新建"数码管动态显示"工程文件，新建"segd.c"文件。编写程序，并生成 hex 文件。编写完成的程序如图 4-2-6 所示。

3. 电路仿真

加载 hex 文件，单击"仿真"按钮，仿真电路。仿真结果如图 4-2-7 所示。

仿真视频

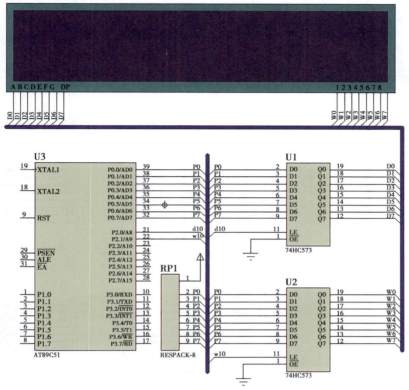

图 4-2-5　绘制电路图

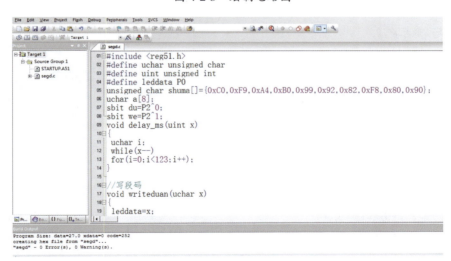

图 4-2-6　编写程序

四、单片机开发板操作

①连接单片机开发板，并打开电源开关。

②打开程序下载软件，设置"数码管动态显示"程序的 hex 文件路径。

③下载程序，观察实验现象。

实验结果显示，在单片机开发板的数码管模块中，显示数字"0–7"。

给显示缓存 a[ ] 赋不同的值，在 8 位数码中显示不同的数字。

操作演示

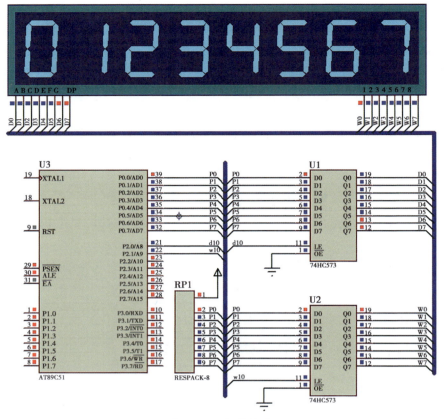

图 4-2-7　仿真结果

学习评价与总结

一、学习评估

评价内容		自　评	小组评价	教师评价
		优☆　良△　中√　差×		
知识与技能	① 能描述数码管动态扫描原理			
	② 能描述锁存器的工作原理			
	③ 能编写数码管动态显示程序			
	④ 能绘制仿真电路图			
	⑤ 能调试仿真程序电路			
职业素养	① 具有安全用电意识			
	② 安全操作设备			
	③ 笔记记录完整准确			
	④ 符合"6S"管理理念			
综合评价				

二、学习总结

（1）你的收获有哪些?

（2）你还有哪些知识没有掌握好?

任务拓展 🖊

模拟电子计数器，具体要求：在 8 位共阳数码管的右边 3 位实现 0 ~ 999 的循环计数。当秒数值计满 999，秒数值清零，然后反复循环，电路图如图 4-2-1 所示。

提示：

① 软件延时计时，主要通过循环语句来实现。确定循环次数非常关键，具体如下：

由于每位数码管延时时间为：$2 \times \dfrac{12}{12 \text{ MHz}} = 2 \ \mu s$

1 s 循环的次数：$\dfrac{1 \text{ s}}{2 \ \mu s \times 8} \approx 62$ 次

调用 62 次显示函数，所花时间接近 1 s。

② 数位分离计算方法：

千位：num/1 000；将数除以 1 000 取整数，得到千位。

百位：num%1 000/100；先除以 1 000 取余数得到百位和个位，然后除以 100 取整数，得到百位。

十位：num%100/10；先除以 100 取余数得到十位和个位，然后除以 10 取整数，得到十位。

个位：num%10；除以 10 取余数，得到个位。

任务检测 🖊

一、填空题

1. 多位数码管是将每只数码管的相同段信号引脚连接在一起，然后统一由 a、b、c、d、e、f、g、dp 引出作为_____，各只数码管公共端分别引出作为_____。

2. 使用锁存器 74HC573，OE 端为 0 使能输出后，LE 端为_____时，输出端直接输出输入信号，相当于直通；LE 端为_____时，将输入信号锁存到锁存器中；LE 端为_____时，输出端输出锁存器中锁存的信号，不再受输入信号影响。（选填"高电平""低电平""上升沿""下降沿"）

3. 数码管动态扫描驱动程序都属于_____函数。

4. 填写如下所示的 74HC573 真值表。

输　入			输　出
OE	LE	D	Q

5. 在共阳数码管动态扫描显示函数中，消影语句是_____；在共阴数码管动态扫描显示函数中，消影语句是_____。

6. 共阳数码管动态显示中，位码初值 wei=0x01，下一位数码管显示的语句是_____，其位码是_____。

7. 共阴数码管动态显示中，位码初值 wei=0xfe，下一位数码管显示的语句是＿＿＿＿，其位码是＿＿＿＿。

8. 数字"105"数位分离，百位表达式为＿＿＿＿，十位表达式为＿＿＿＿，个位表达式为＿＿＿＿。

9. 8 位共阳数码管在 Proteus 中的库名称为＿＿＿＿。

10. 锁存器是数字电路中具有记忆功能的一种＿＿＿＿元件。

二、判断题

1. 多位共阳数码管，公共端为 0 时，对应数码管工作。　　　　　　　　　（　　）

2. 多位共阴数码管，公共端为 0 时，对应数码管工作。　　　　　　　　　（　　）

3. 74HC573 具有锁存输出功能，并且每路只需要微安级别的输入电流，就能实现几毫安电流的输出，所以常在单片机系统中使用它来扩展 I/O 端口和增大输出电流。（　　）

4. 数码管动态扫描方法为：依次输出要显示的位置和内容，显示位置由位控制端完成，显示内容由段控制端完成。　　　　　　　　　　　　　　　　　　　　（　　）

5. 74HC573 是拥有一路输出的 D 型透明锁存器。　　　　　　　　　　　（　　）

三、综合题

编写程序，采用数码管动态显示方式，在两位共阳数码管上实现 00 ～ 99 计数。电路图如图 4-2-8 所示。

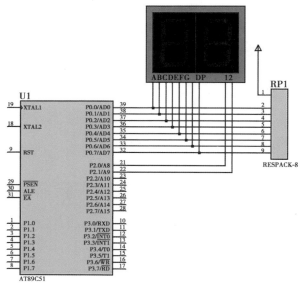

图 4-2-8　电路图

任务三 制作数码管电子秒表

任务目标 ✎

◎知识目标：能描述中断的原理；

能解释定时器/计数器的工作原理。

◎技能目标：能利用定时器中断编写程序；

能编写电子秒表的 C 语言程序；

能利用 Proteus 软件仿真和单片机开发板调试程序。

◎素养目标：使学生获取成就感；

培养学生分析、解决问题的能力。

任务描述 ✎

利用 8 位共阳数码管制作一个电子秒表，显示方式为"00-00-00"，分别对应时、分、秒的显示。电路原理图如图 4-3-1 所示。

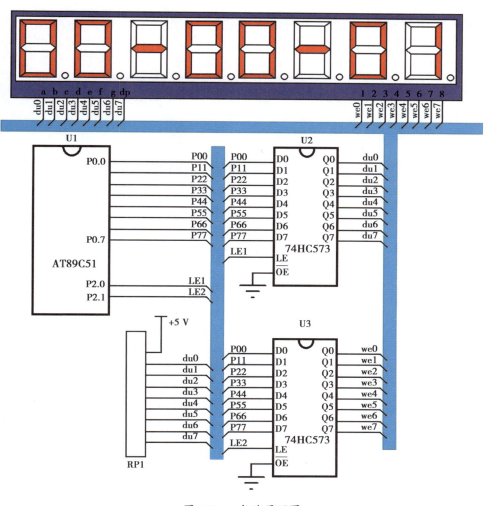

图 4-3-1　电路原理图

知识链接 ✐

一、中断及中断处理过程

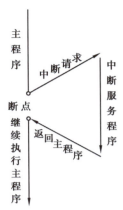

图 4-3-2　中断处理流程

在生活中，中断现象随处可见，假如你在看一本书，突然手机铃响了，这时，你会放下书本，去接电话。电话接完后，你再继续看书。这一过程就是中断的"产生—处理—返回"过程，相对于看书而言，电话这一事件就是看书的中断源。中断也是单片机处理器必备的基本功能，通过中断可以有效地提高处理器应对突发事件的能力，使其在执行一个任务的同时，监视和处理其他几个任务，达到"一芯多用"，提高 CPU 工作效率的目的。

8051 系列单片机对中断的处理可以概括为中断请求、中断响应、中断返回 3 个过程。8051 系列单片机对中断的处理流程如图 4-3-2 所示。

当中断发生时，中断源向 CPU 提出请求；CPU 接收到中断源的中断请求后，开始对事件进行处理；当 CPU 处理完事件后，会返回到主程序停止处，继续执行主程序，这一过程称为中断返回。

1. 中断源

引起 CPU 中断的触发源称为中断源。8051 系列单片机的中断源分为外部中断源（触发源来自单片机外部）和内部中断源（触发源来自单片机内部）。单片机中断源见表 4-3-1。

表 4-3-1　单片机中断源

中　断	中断源	单片机引脚	功　能	中断向量号
外部中断源	外部中断 0（INT0）	P3.2	低电平或下降沿时，即可产生中断请求	0
	外部中断 1（INT1）	P3.3	低电平或下降沿时，即可产生中断请求	1
内部中断源	定时 / 计数器 0（T0）	P3.4	定时 / 计数器 0 发生计数溢出时，即可产生中断请求	2
	定时 / 计数器 1（T1）	P3.5	定时 / 计数器 1 发生计数溢出时，即可产生中断请求	3
	串行口（UART）	P3.0 P3.1	当单片机的串行口成功地完成接收或发送一组数据时，即可产生中断请求	4

2. 中断系统的结构

中断系统的结构如图 4-3-3 所示。它由与中断有关的特殊功能寄存器、中断入口、顺序查询逻辑电路等组成。中断系统包括 5 个中断源和 4 个特殊寄存器（IE、IP、TCON 和 SCON），共同用于控制中断的类型。5 个中断源有两个优先级，每个中断源可以被编程为高优先级或低优先级，可以实现二级中断嵌套。5 个中断源有对应的 5 个固定中断入口地址。

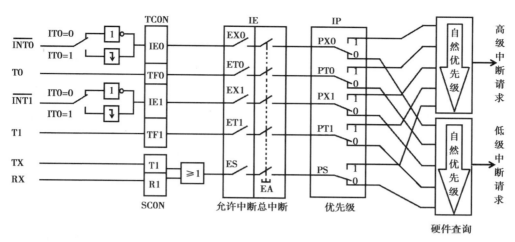

图 4-3-3　中断系统的结构

二、定时 / 计数器

定时 / 计数器是单片机系统的一个重要部件，其工作方式灵活、编程简单、使用方便，可用来实现定时控制、延时、频率测量、信号检测等。此外，定时 / 计数器还可作为串行通信中的特率发生器。

1. 定时 / 计数器的结构

单片机内部的定时 / 计数器的结构如图 4-3-4 所示，定时 / 计数器 T0 由特殊功能寄存器 TL0 和 TH0 构成，定时 / 计数器 T1 由特殊功能寄存器 TL1 和 TH1 构成。特殊功能寄存器 TMOD 控制定时 / 计数器的工作方式，TCON 控制定时 / 计数器的启动和停止，同时管理定时 / 计数器的溢出标志等。程序开始时需对 TL0、TH0、TL1、TH1 和 TCON 进行初始化编程，定义它们的工作方式和控制定时 / 计数器 T0 和 T1 的启动和停止。

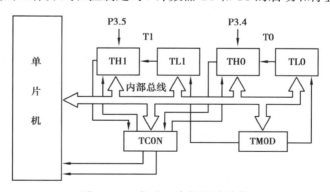

图 4-3-4　定时 / 计数器的结构

2. 定时 / 计数器控制寄存器 TMOD

特殊功能寄存器 TMOD 是用来控制定时 / 计数器的工作方式。其基本格式见表 4-3-2，其中高 4 位用于对定时器 T1 的方式进行控制，而低 4 位用于对定时器 T0 的方式进行控制，由于 TMOD 只能进行字节寻址，因此对 T0 和 T1 的工作方式只能整字节写入。其功能如下：

表 4-3-2　定时 / 计数器方式控制寄存器 TMOD 的格式

位	D7	D6	D5	D4	D3	D2	D1	D0
含义	GATE	C/$\overline{T}$	M1	M0	GATE	C/$\overline{T}$	M1	M0

● GATE：门控位。由 GATE、软件控制位 TR（1/0）和 INT（1/0）共同决定定时 / 计数器的打开和关闭。

GATE=0：只要用指令置 TR（1/0）为 1 即可启动定时 / 计数器，不管 INT 的状态如何。

GATE=1：只有 INT（1/0）为高电平且 TR（1/01）为 1 时，才能启动定时 / 计数器。

● C/$\overline{T}$：定时 / 计数器选择位。

C/$\overline{T}$=1：以计数器方式工作。

C/$\overline{T}$=0：以定时器方式工作。

● M1M0：定时器工作方式选择位。通过对 M1M0 的设置，可使定时器以 4 种工作方式之一进行工作。

M1M0=00：定时器以方式 0 工作；

M1M0=01：定时器以方式 1 工作；

M1M0=10：定时器以方式 2 工作；

M1M0=11：定时器以方式 3 工作。

3. 定时 / 计数器控制寄存器 TCON

特殊功能寄存器 TCON，高 4 位为定时 / 计数器的运行控制和溢出标志，低 4 位与外部中断有关，其中高 4 位的含义见表 4-3-3 所示。

表 4-3-3　定时 / 计数器控制寄存器 TCON 的格式

位	D7	D6	D5	D4	D3	D2	D1	D0
功能	TF1	TR1	TF0	TR0	—	—	—	—

● TF1/TF0：T1/T0 溢出标志位。当 T1 或 T0 产生溢出时，由硬件自动置位中断触发器 TF（1/0），并向 CPU 申请中断。如果用中断方式，则 CPU 在响应中断服务程序后，TF（1/0）被硬件自动清 0。如果用软件查询方式对 TF（1/0）进行查询，则在定时 / 计数器回 0 后，应当用指令将 TF（1/0）清 0。

● TR1/TR0：T1/T0 运行控制位。可用于对 TR1 或 TR0 进行置位或清 0，即可启动或关闭 T1 或 T0 的运行。

4. 定时 / 计数器工作方式

T0 或 T1 的定时器功能可由 TMOD 中的 C/$\overline{T}$ 位选择，而 T0、T1 的工作方式则由 TMOD 中的 M1M0 共同决定。定时 / 计数器的 4 种工作方式中，方式 0、方式 1、方式 2 的 T0 和 T1 完全相同，方式 3 只有 T0。

● 工作方式 0

工作方式 0 的逻辑电路结构如图 4-3-5 所示。定时 / 计数器工作方式 0 为 13 位计数器工作方式，由 TL（1/0）的低 5 位和 TH（1/0）高 8 位构成 13 位计数器。

当 C/$\overline{T}$=0 时，T（1/0）为定时器。定时信号来自单片机内的机器周期进行计数定时。

当 C/$\overline{T}$=1 时，T（1/0）为计数器。计数脉冲信号来自引脚 T（1/0）的外部信号。

T1/T0 能否启动工作，取决于 TR1/TR0、GATE、引脚 INT1/INT0 的状态。

当 GATE=0 时，只在 TR1/TR0 为 1 时可启动 T1/T0 工作；

当 GATE=1 时，只有 TR1/TR0 和 INT1/INT0 为 1 时，才能启动 T1/T0 工作。

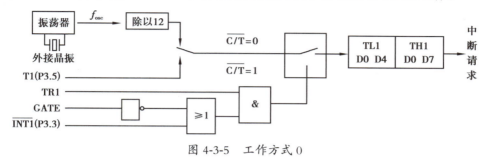

图 4-3-5　工作方式 0

- 工作方式 1

定时 / 计数器工作方式 1 是 16 位计数器方式，由 TL1/TL0 和 TH1/TH0 共同构成 16 位计数器。工作方式 1 与工作方式 0 的基本工作过程相似，但由于工作方式 1 是 16 位计数器，因此，它比工作方式 0 有更宽的定时 / 计数范围。

- 工作方式 2

定时 / 计数器工作方式 2 是自动再装入时间常数 8 位计数器方式。TH1/TH0 仅用来存放 TL1/TL0 初次置入的时间常数。在 TL1/TL0 计数满后，即置位 TF1/TF0，向 CPU 申请中断，同时存放在 TH（1/0）中的时间常自动装入 TL1/TL0，然后重新开始定时或计数。

- 工作方式 3

定时 / 计数器工作方式 3 是两个独立的 8 位计数器，仅 T0 有这种工作方式，如果将 T1 置为工作 3 方式，则 T1 将处于关闭状态。

当 T0 工作于方式 3 时，TL0 构成 8 位计数器可工作于定时 / 计数状态，并使用 T0 的控制位和 TF0 的中断源。TH0 则只能工作于定时器状态，使用 T1 中 TR1、TF1 的中断源。

5. 定时 / 计数中定时 / 计数初值的设定

设单片机时钟电路的振荡频率为 11.059 2 MHz，则 12 分频后得到的机器周期为：

$$T_0 = \frac{12}{f_{osc}} = \frac{12}{11.059\,2}\,\mu s = 1.085\,\mu s$$

单片机的定时 / 计数器 T1 和 T0 都是增量计数器，因此不能直接将要计数的值作为初值放入寄存器，而是将计数的最大值（溢出值）减去实际要计数的值，将差值存入寄存器。所以定时 / 计数器计数初值的计算公式如下：

计数初值 $=2^n-$ 实际计数值

式中，n 为由工作方式决定的定时 / 计数器位数。

工作方式 0：$n=13$，$2^{13}=8\,192$。

工作方式 1：$n=16$，$2^{16}=65\,536$。

例如：在工作方式 1 下，要用定时器 T0 定时 50 ms，在 C 语言程序设计中，要做以下工作：

- 设置定时 / 计数器 T0 工作方式

TMOD=0x01；//TMOD=0000 0001B，低 4 位 GATE=0，C/$\overline{T}$=0，M1M0=01

- 计算实际计数值

$$实际计数值 = \frac{定时时间}{机器周期} = \frac{50\ ms}{1.085\ \mu s} = 46\ 083$$

- 确定定时器 T0 的计数初值

定时 / 计数器 T0 计数初值要放入寄存器 TH0 和 HL0 中，语句如下：

TH0=（65 536–46 083）/256; // 定时器 T0 高 8 位赋初值

TL0=（65 536–46 083）%256; // 定时器 T0 低 8 位赋初值

- 启动定时器

TR0=1; // 启动定时器 T0

三、数码管取模软件的使用

LED 代码查询软件，可以快速查询共阳和共阴数码管的代码，如图 4-3-6 所示。

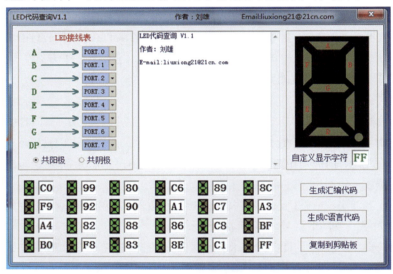

图 4-3-6　LED 代码查询软件

左边选择数码管的类型：共阳极、共阴极。右边选择取模方式。对于单个数字或字符而言，采用手动取模，分别把相应的字段点亮即可。

例如：共阳数码管 "0" 的编码如图 4-3-7 所示。

在数字或字母比较多的情况下，通常采用定义数组的形式，该软件自动把所有数字或字母以数组的形式生成十六进制代码，再复制出来即可。以共阳数码管为例，C 语言代码如图 4-3-8 所示。

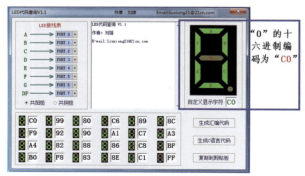

图 4-3-7　共阳数码管 "0" 的编码

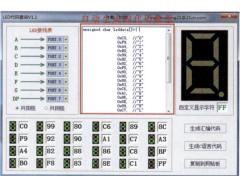

图 4-3-8　生成 C 语言代码

任务实施 ✐

一、任务分析

本任务利用 8 位共阳数码管，完成时钟显示。为了节约硬件资源采用数码管动态显示和定时器中断形式。

1. 定时器中断初始化分析

采用定时器 T0、工作方式 1，所以 TMOD=0x01；

定时器中断 1 次假设为 50 ms，中断 20 次为 1 s，所以实际计数值为 46 083。

定时器 T0 的计数初值为：

THO=（65 536–46 083）/256；　　　// 定时器 T0 高 8 位赋初值

TL0=（65 536–46 083）%256；　　　// 定时器 T0 低 8 位赋初值

2. 时钟逻辑分析

变量定义：中断计数 n，秒 s，分 m，时 h。

当 n 等于 20 次时，时间为 1 s；

当 s 等于 60 s 时，时间为 1 min；

当 m 等于 60 min 时，时间为 1 h；

当 h 等于 24 h，为 1 d。

二、程序设计

程序设计流程图如图 4-3-9 所示。

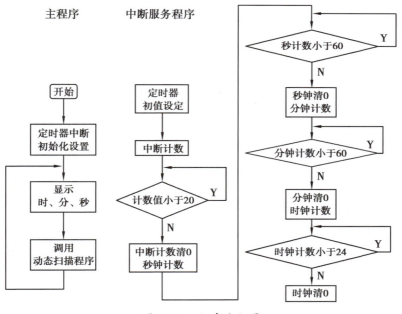

图 4-3-9　程序流程图

参考程序：

```
#include <reg51.h>
#define uchar unsigned char
#define uint unsigned int
```

```c
#define leddata P0
unsigned char shuma [ ] ={
0xC0, 0xF9, 0xA4, 0xB0, 0x99, 0x92, 0x82, 0xF8, 0x80, 0x90, 0xFF, };
//"0 ~ 9, 熄灭 "
uchar n, s, m, h;
uchar a [8] ;                    //8 位数码管缓存编码
sbit du=P2^0;                    // 段码控制端
sbit we=P2^1;                    // 位码控制端
/* 延时函数 */
void delay_ms ( uint x )
{
  uchar i;
  while ( x-- )
  for ( i=0; i<123; i++ ) ;
}
/* 写段码函数 */
void writeduan ( uchar x )
{
  leddata=x;
  du=1; du=0;
}
/* 写位码函数 */
void writewei ( uchar x )
{
  leddata=x;
  we=1; we=0;
}
/* 动态扫描程序 */
void display ( )
{
  uchar wei, i;
  wei=0x01;
  for ( i=0; i<8; i++ )
  {
    writeduan ( shuma [ a [i] ] ) ;
    writewei ( wei ) ;
    delay_ms ( 1 ) ;
    writewei ( 0x00 ) ;
```

```
        wei=wei<<1;
    }
}
/* 主函数 */
void main（ ）
{
 TMOD=0X01;                          // 工作方式设置
 TH0=（65 536–46 083）/256;          // 设置初值
 TL0=（65 536–46 083）%256;
 EA=1；ET0=1；TR0=1;                 // 定时器中断启动设置
 while（1）
 {
     a［0］=h/10；a［1］=h%10;         // 第一、二位数码管显示小时
     a［2］=22;                       // 第三位数码管显示"—"
     a［3］=m/10；a［4］=m%10;         // 第四、五位数码管显示分钟
     a［5］=22;                       // 第六位数码管显示"—"
     a［6］=s/10；a［7］=s%10;         // 第七、八位数码管显示秒钟
     display（ ）;                    // 调用数码管动态扫描函数
   }
}
/* 定时器中断程序 */
void time0（ ） interrupt 1          // 设置中断类型
{
 TH0=（65 536–46 083）/256;
 TL0=（65 536–46 083）%256;
 n++;                                // 中断计数，中断1次50 ms
 if（n==20）                         // 中断20次为1 s
  {n=0；s++;
  if（s==60）
  {s=0； m++;
   if（m==60）
   {m=0； h++;
     if（h==24）
    {h=0； }
  }
  }
 }
}
```

三、电路仿真

1. 绘制原理图

打开 Proteus 软件，创建"电子秒表制作与实现"文件，绘制电路图。元件清单见表 4-3-4。绘制完成的电路图如图 4-3-10 所示。

表 4-3-4　元件清单

元件名称	库名称	元件名称	库名称
单片机	AT89C51	排阻	RESPACK-8
8 位共阳数码管	7SEG-MPX8-CA-BLUE	锁存器	74HC573

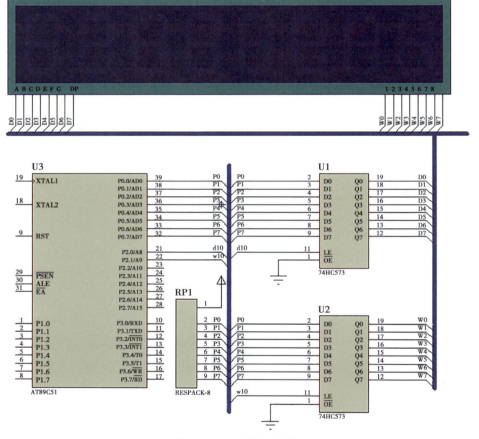

图 4-3-10　绘制电路图

2. 编写程序

打开 Keil 软件，新建"电子时钟"工程文件，新建"shizhong.c"文件，编写程序并生成 hex 文件。编写完成的程序如图 4-3-11 所示。

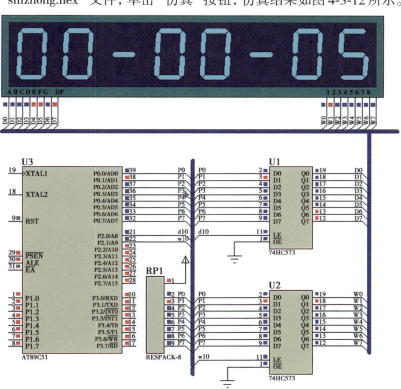

图 4-3-11　编写程序

3. 电路仿真

加载"shizhong.hex"文件，单击"仿真"按钮，仿真结果如图4-3-12所示。

图 4-3-12　仿真结果

仿真结果显示：在数码管上显示时钟，能正常计时。

四、单片机开发板操作

①连接单片机开发板，并打开电源开关。

②打开程序下载软件，设置"数码管电子秒表"程序的 hex 文件路径。

③下载程序，观察实验现象。

操作演示

实验结果显示，在单片机开发板的数码管模块中，显示"00-00-00"的秒表格式，并能按秒计时。可以结合按键，实现秒表的暂停、停止和清零功能。

学习评价与总结 ✐

一、学习评估

评价内容		自　评	小组评价	教师评价
		优☆　良△　中√　差✕		
知识与技能	① 能使用定时器中断编程			
	② 能描述时钟逻辑关系			
	③ 能绘制电路仿真图			
	④ 能编写电子秒表程序			
	⑤ 能仿真调试电子秒表程序			
职业素养	① 具有安全用电意识			
	② 安全操作设备			
	③ 笔记记录完整准确			
	④ 符合"6S"管理理念			
综合评价				

二、学习总结

（1）你的收获有哪些？

（2）你还有哪些知识没有掌握好？

任务拓展 ✐

利用定时器查询方式完成电子秒表程序设计与仿真，电路图如图 4-3-1 所示。

任务检测 ✐

一、填空题

1. 8051 系列单片机对中断的处理可以概括为_____、_____、_____ 3 个过程。

2. 当中断发生时，中断源向 CPU 提出请求，这一过程称为_____或中断申请。

3. 中断系统包括 5 个中断源和 4 个特殊寄存器（_____、_____、_____和_____），共同用于控制中断的类型。

4. 特殊功能寄存器_____控制定时 / 计数器的工作方式，TCON 控制定时 / 计数器的_____和_____，同时管理定时 / 计数器的溢出标志等。

5. 特殊功能寄存器 TMOD 是用来控制定时 / 计数器的_____。

6. 定时 / 计数器工作方式 1 为_____位计数器工作方式。

7. 定时 / 计数器计数初值的计算公式为_____。

8. 如果将 T1 置为工作方式 3，则 T1 将处于_____状态。

9. 启动定时 / 计数器的命令为_____。

10. 特殊功能寄存器 TCON，高 4 位为定时 / 计数器的_____和_____，低 4 位与外部中断有关。

二、判断题

1. 定时 / 计数器工作方式 3 是两个独立的 16 位计数器。 （ ）

2. 当 C/$\overline{T}$=1 时，T（1/0）为计数器。计数脉冲信号来自引脚 T（1/0）的外部信号。

（ ）

3. 定时器工作方式选择位是 M1M0。 （ ）

4. 单片机对中断的处理可以概括为中断请求、中断响应、中断返回 3 个过程。 （ ）

5. TMOD=0x01；表示定时器工作在工作方式 0。 （ ）

三、综合题

利用 Keil 软件修改时钟、分钟变量对时间进行校正，并对程序电路进行仿真。

小故事

项目五
单片机控制按键

项目描述

　　按键在单片机控制系统中起着人机交互的作用，键盘的组成形式比较多样，根据按键的数量可分为独立式键盘和矩阵式键盘。本项目分为三个任务：任务一制作电子开关；任务二制作按键计数器；任务三制作简易计算器。通过以上任务的学习，让学生掌握独立按键和键盘矩阵的使用方法和驱动程序的编写。

任务一　制作电子开关

任务目标

◎知识目标：能描述独立键盘的工作原理；
　　　　　　能描述选择判断 if 语句的使用格式。
◎技能目标：能编写独立键盘控制 LED 灯亮灭的 C 语言程序；
　　　　　　能利用 Proteus 软件仿真和单片机开发板调试程序。
◎素养目标：不断激发学生的求知欲。
　　　　　　培养学生的爱国情怀和独立思考的能力。

任务描述

　　单片机 P1.0 连接一个独立按键 KEY，当 KEY 按下时，LED 灯亮；当 KEY 松开时，LED 灯灭。电路原理图如图 5-1-1 所示。

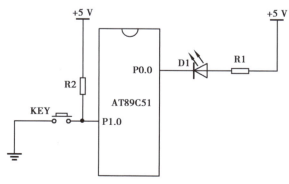

图 5-1-1　电路原理图

知识链接 ✐

一、独立式按键的工作原理

独立式按键是直接用单片机的 I/O 线构成的按键检测电路，其特点是每个按键单独占用一个 I/O 端口，每个按键的工作不会影响其他 I/O 线的工作状态。独立式按键的典型电路图如图 5-1-2 所示。

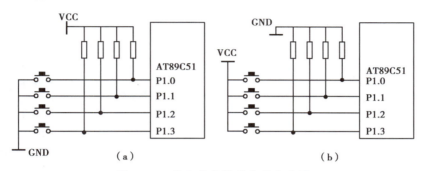

图 5-1-2　独立式按键的典型电路图

单片机系统中一般由软件来识别键盘上的闭合键，图 5-1-2 所示是单片机独立式按键的典型接法。在图 5-1-2（a）中，单片机引脚作为输入使用，首先置 1。当按键没有按下时，单片机引脚上为高电平；而当按键按下后，引脚接地，单片机引脚上为低电平。通过编程即可获知是否有键按下，被按下的是哪一个键。独立式按键电路配置简单，但每个按键必须占用一个 I/O 端口，因此，按键较多时，会占用较多 I/O 端口，不宜采用。

目前常用的按键大部分都是机械式按键，由机械触点构成，通过机械触点的闭合与断开实现电压信号的高低输入，在键按下及松开瞬间均有抖动过程，抖动过程如图 5-1-3 所示，抖动时间的长短与开关的机械特性有关，一般为 5 ~ 25 ms。为使单片机能正确读出键盘所接的 I/O 端口状态，对每一次按键只响应一次，必须考虑如何去除抖动。常用的去抖方法有两种：硬件消抖和软件消抖。

硬件消抖：可在按键输出端加 R-S 触发器（双稳态触发器）或单稳态触发器构成去抖电路。如图 5-1-4 所示，当触发器一旦翻转，触点抖动不会对其产生任何影响。

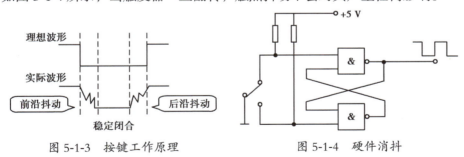

图 5-1-3　按键工作原理　　　　　　图 5-1-4　硬件消抖

软件消抖：在单片机检测到有按键的 I/O 端口为低电平时，不是立即认定该键已被按下，而是执行一个 5 ~ 10 ms 或时间更长的延时程序后，再次检测 I/O 端口，如果仍为低电平，说明该键的确被按下，这实际上是避开了按键按下时的前沿抖动。在检测到按键释放后（该 I/O 端口为高电平）再延时 5 ~ 10 ms，消除按键释放时的后沿抖动，然后再对键值进行处理。

二、选择语句 if

if 语句是用来判定所给定的条件是否满足，根据判定的结果（"真"或"假"）决定执行给定的两种操作之一。

1. if 语句

基本形式：

if（表达式）

{

　语句；

}

如果表达式的值为真，则执行语句，否则不执行。执行过程如图 5-1-5 所示。

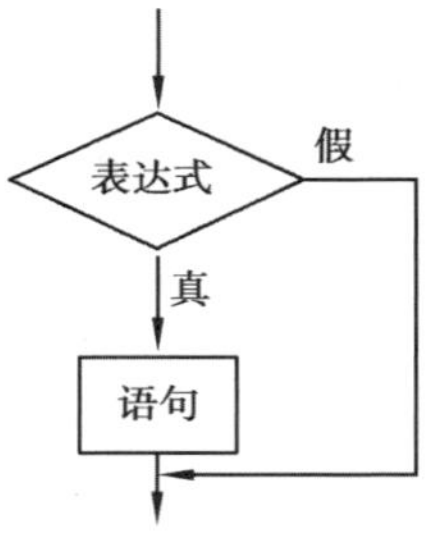

2. if…else 语句

基本形式：

if（表达式）

{

　语句 1；

}

else

{

　语句 2；

}

如果表达式的值为真，则执行语句 1，否则执行语句 2。执行过程如图 5-1-6 所示。

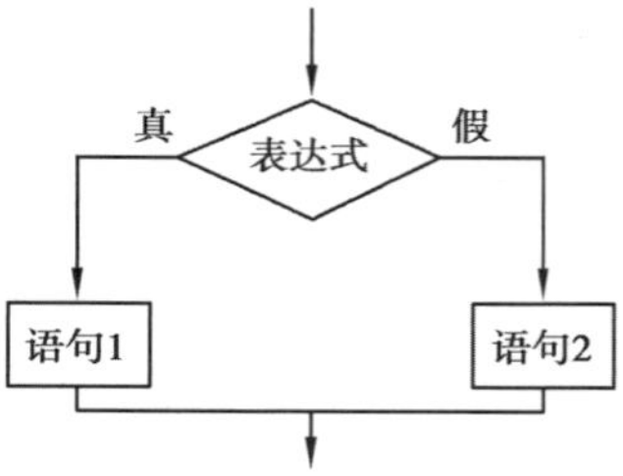

图 5-1-5　if 语句执行过程

图 5-1-6　if…else 语句执行过程

3. if…else if…else 语句

基本形式：

if（表达式 1）

{语句 1；}

else if（表达式 2）

{语句 2；}

else if（表达式 3）

{语句 3；}

　　　……

else if（表达式 m）

{语句 m；}

else

{语句 n；}

如果表达式 1 的结果为"真"，则执行语句 1，并退出 if 语句；否则去判断表达式 2，如果表达式 2 的结果为"真"，则执行语句 2，并退出 if 语句；否则去判断表达式 3……

最后表达式 m 也不成立，就去执行 else 后面的语句 n。else 和语句 n 也可省略不用。执行过程如图 5-1-7 所示。

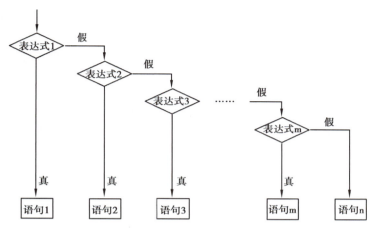

图 5-1-7 if…else if…else 语句执行过程

任务实施 ✐

一、任务分析

单片机 P3.0 连接一个独立控键，P1.0 连接发光二极管。当按键按下时，单片机 P3.0 端口将会检测到一个低电平（0），可以用 if 语句进行判断，完成按键控制 LED 灯亮灭的目的。

二、程序设计

程序设计流程如图 5-1-8 所示。

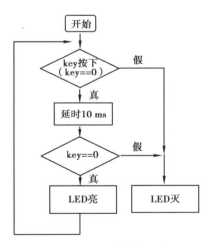

图 5-1-8 程序流程图

参考程序：

```
#include<reg51.h>          // 头文件，调用文件名为 "reg51.h" 的文件
#define uint unsigned int   // 定义 uint=unsigned int（无符号整型）
```

```
#deifne uchar unsigned char        // 定义 uchar=unsigned char（无符号字符型）
sbit led=P1^0;                     // 定义符号 led 为单片机的 P1.0 引脚
sbit key=P3^0;                     // 定义符号 key 为单片机的 P3.0 引脚
/* 延时函数 */
void delayms（uint x）              // 当晶振为 12 MHz 时，延时 xms
{                                  // 当晶振为 11.0592 MHz 时，延时 12x/11ms
    uchar i;
    while（x--）
    for（i=0；i<123；i++）;
}
/* 主函数 */
void main（）
{
    while（1）
    {
        if（key==0）                // 检测按键 key 有无按下
    {
        delayms（10）;             // 延时 10 ms，消除按键前沿抖动
        if（key==0）               // 再次检测按键有无按下
        {
            led=0                 // 发光二极管亮
        }
    }
    else                          // 按键 key 没有按下时
    led=1;                        // 发光二极管灭
    }
}
```

三、电路仿真

1. 绘制电路仿真图

打开 Proteus 软件，创建"独立按键控制 LED 亮灭"文件，放置元器件。所需元件见表 5-1-1。绘制完成的电路图如图 5-1-9 所示。

表 5-1-1　元件清单

元件名称	库名称	元件名称	库名称
单片机	AT89C51	电阻	RES
发光二极管	LDE-YELLOW	按键	BUTTON

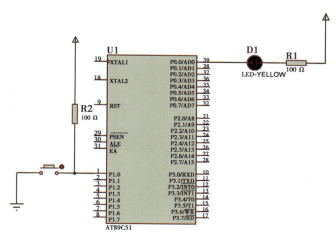

图 5-1-9　绘制电路图

2. 编写程序

打开 Keil 软件，新建"独立按键控制 LED"工程文件，新建"key.c"文件，编写程序并生成 hex 文件。编写完成的程序如图 5-1-10 所示。

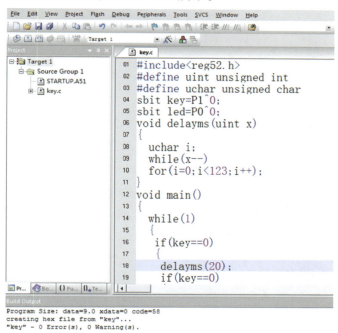

图 5-1-10　编写程序

3. 电路仿真

双击单片机，打开"Edit Component"对话框，加载"key.hex"文件。单击"仿真"按钮仿真电路，并观看仿真结果。仿真结果如图 5-1-11 所示。

仿真结果显示：当 KEY 按下时，发光二极管 D1 亮；当 KEY 松开时，发光二极管 D1 灭。

仿真视频

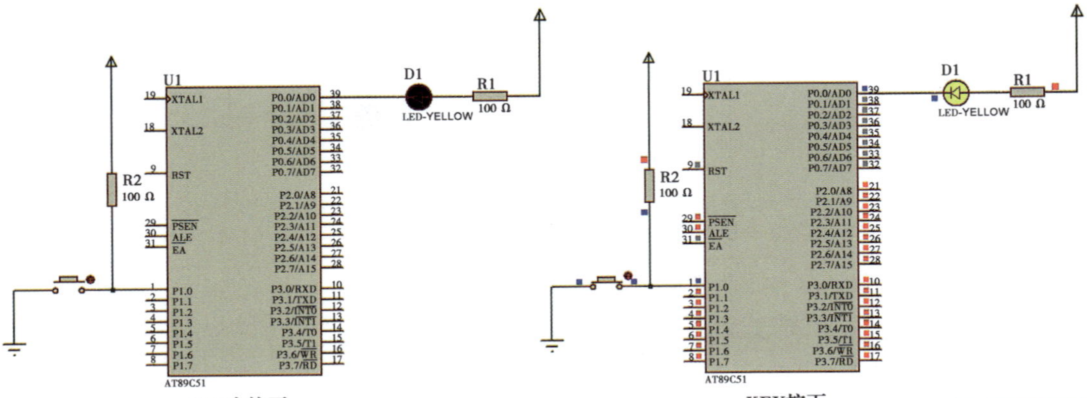

KEY未按下　　　　KEY按下

图 5-1-11　仿真结果

四、单片机开发板操作

①连接单片机开发板，并打开电源开关。

②打开程序下载软件，设置“电子开关”程序的 hex 文件路径。

③下载程序，观察实验现象。

操作演示

实验结果显示，按下独立按键 KEY 时，发光二极管 D1 亮，松开按键 KEY 时，D1 熄灭。

学习评价与总结

一、学习评估

评价内容		自　评	小组评价	教师评价
		优☆ 良△ 中√ 差 ×		
知识与技能	① 能描述独立式按键的工作过程			
	② 能描述按键消抖方法			
	③ 能描述 if 语句的用法			
	④ 能编写独立按键控制 LED 程序			
	⑤ 能调试仿真程序电路			
职业素养	① 具有安全用电意识			
	② 安全操作设备			
	③ 笔记记录完整准确			
	④ 符合“6S”管理理念			
综合评价				

二、学习总结

（1）你的收获有哪些？

（2）你还有哪些知识没有掌握好？

任务拓展

利用两个独立按键 K1 和 K2 控制一个 LED，当 K1 按下时，LED 灯亮，当 K2 按下时，LED 灯灭。完成程序设计及电路仿真。电路图如图 5-1-12 所示。

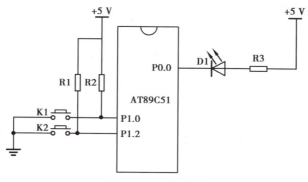

图 5-1-12　电路图

任务检测 ✏️

一、填空题

1. 发光二极管按照极性的不同分为_____和_____两种。

2. if 语句属于_____语句。

3. 如图 5-1-9 所示，独立式按键按下后 P1.0 端口为_____电平。

4. 独立式按键防抖有_____和_____两种方式。

5. if 语句中表达式的值为真，则_____语句，否则不执行。

6. if（a>=3）c=10；else c=0，当 a=4 时，c 为_____。

二、判断题

1. C 语言编程时，能选择的判断语句只有 if 语句。　　　　　　　（　　）

2. 在 C 语言程序中，可以随便添加标点符号。　　　　　　　　　（　　）

3. 在单片机编程中，可以直接用十进制数进行编程。　　　　　　　（　　）

三、综合题

分析图 5-1-13 所示的电路图，试编写独立式按键控制 LED 灯程序，当按键 K1 按下时 D1、D3 亮，D2、D4 灭。

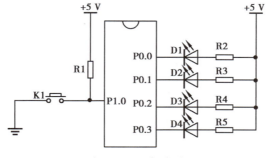

图 5-1-13　电路图

任务二　制作按键计数器

任务目标 ✐

◎知识目标：能描述外部中断的工作方式；
　　　　　　能描述 switch…case 语句的应用。
◎技能目标：能编写按键计数器的 C 语言程序；
　　　　　　能利用 Proteus 软件仿真和单片机开发板调试程序。
◎素养目标：培养学生刻苦钻研、勇于探索的精神。

任务描述 ✐

按键计数器的制作与实现，两个独立式按键 K1、K2 分别为加计数和减计数。K1 完成数码管 1、2 位 0 ~ 99 的加计数；K2 完成数码管 5、6 位 99 ~ 0 的减计数。电路原理图如图 5-2-1 所示。

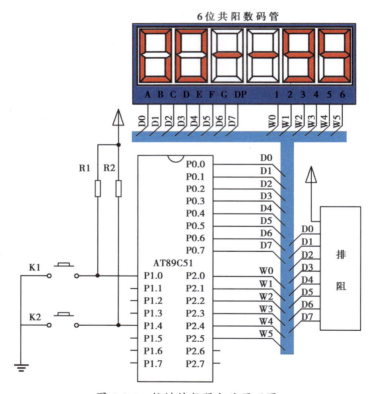

图 5-2-1　按键计数器电路原理图

知识链接 ✐

一、外部中断

8051 系列单片机提供了 5 个中断源，其中两个外部中断（INT0、INT1），两个定时 /计数器中断（T0、T1）和一个串行口中断。

INT0 和 INT1 输入的两个外部中断源，其触发方式的控制由寄存器 TCON 的低 4 位状态确定，TCON 的低 4 位格式见表 5-2-1。

表 5-2-1　TCON 格式

位	D7	D6	D5	D4	D3	D2	D1	D0
功　能	—	—	—	—	IE1	IT1	IE0	IT0

● IE1/IE0：外部中断请求标志。当外部信号产生中断时，由硬件置位（IE1/IE0=1）；当 CPU 响应中断时，由硬件清除（IE1/IE0=0）。

● IT1/IT0：外部中断 0、1 的触发方式选择位，由软件设置。

当 IT1/IT0=1 时，下降沿触发方式。INT0/INT1 引脚上高到低的负跳变可以引起中断；

当 IT1/IT0=0 时，电平触发方式。INT0/INT1 引脚上低电平可引起中断。

二、中断控制

在 8051 单片机的中断系统中，对中断的控制除了 TCON 和 SCON 以外，还有两个特殊功能寄存器 IE 和 IP，专门用于中断控制，分别来设定各个中断源的打开或关闭以及中断源的优先级。

1. 中断允许控制寄存器 IE

在 8051 单片机中断系统中，中断的允许或禁止是由片内可进行位寻址的 8 位中断允许寄存器 IE 来控制的。它分别控制 CPU 对所有中断源的总开放或禁止以及对每个中断源的开放或禁止。中断允许控制寄存器 IE 的格式见表 5-2-2。

表 5-2-2　中断允许控制寄存器 IE 的格式

位	D7	D6	D5	D4	D3	D2	D1	D0
功　能	EA	—	—	ES	ET1	EX1	ET0	EX0

● EA：中断总开关位。EA=1 时，CPU 开中断；EA=0 时，CPU 关中断；

● ES、ET1、EX1、ET0、EX0：分别为串口、T1、外部中断 1、T0、外部中断 0 的中断开关控制位。置 1 时允许该项中断；清 0 时禁止该项中断。

2. 中断优先级控制寄存器 IP

8051 单片机的 5 个中断源可以被设为两个不同的级别，CPU 先响应中断级别高的中断源。中断优先级通过中断优先寄存器 IP 中相应位的状态来设定。中断优先级控制寄存器 IP 的格式见表 5-2-3。

表 5-2-3　中断优先级控制寄存器 IP 的格式

位	D7	D6	D5	D4	D3	D2	D1	D0
功　能	—	—	—	PS	PT1	PX1	PT0	PX0

PS、PT1、PX1、PT0、PX0 分别为串口、T1、外部中断 1、T0、外部中断 0 的中断优先级控制位，各项置 1 时为高级中断，清 0 时为低级中断。

三、并行多分支 switch…case 语句

在实际应用中，常常会遇到多分支选择问题，可以采用 if 嵌套实现，只是分支较多时，嵌套的 if 语句层数多，程序冗长且可读性降低。C 语言提供了 switch 语句直接处理多分支选择。switch 语句的一般形式如下：

switch（表达式）

```
    {
        case 常量表达式 1：语句 1；break；
        case 常量表达式 2：语句 2；break；
        ……
        case 常量表达式 n：语句 n；break；
        default：语句 n+1；break；
    }
```

switch…case 语句执行过程如图 5-2-2 所示。

switch…case 语句的说明如下：

● switch 后面括号内的"表达式"，可以是任务类型。

● 当表达式的值与某一个 case 后面的常量表达式的值相等时，就执行此 case 后面的语句；若所有 case 中的常量表达式的值都不能与表达式的值相等时，就执行 default 后面的语句。

● 每一个 case 的常量表达式的值必须不相同，否则就会出现互相矛盾的现象。

● 各个 case 和 default 的出现次序不影响执行结果。

● 执行完一个 case 后面的语句后，若没有 break 语句，程序并不会自动跳出 switch 语句，而是继续执行后面的语句。

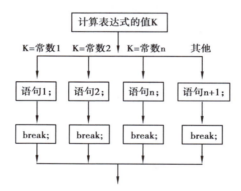

图 5-2-2 switch…case 语句执行过程

任务实施

一、任务分析

本任务是设计按键计数器，K1 按下时，数码管左端数据加 1；K2 按下时，数码管右端数据减 1。

按键状态判断：

if（K1==0&&k==1）{语句；} //按键 K1 按下时，状态为 1

if（K1）k=1；//按键 K1 释放后，状态为 1

提示：在按键程序中，确认按键按下时，就会执行"键按下后的语句"。如果没有"按键状态判断"，程序会很快返回，进行下一次的按键确认，如果键还没释放，又会执行"键按下后的语句"，这样数据会快速递增，很快达到上限或者溢出，造成按键功能不能正常实现的故障。

二、程序设计

程序设计流程如图 5-2-3 所示。

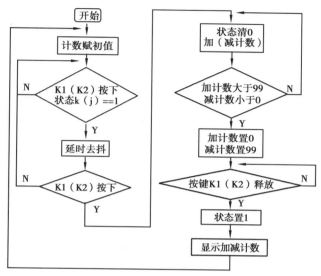

图 5-2-3 程序流程图

参考程序：

```
#include<reg51.h>
#define uint unsigned int
#define uchar unsigned char
sbit K1=P1^0;              // 按键加
sbit K2=P1^4;              // 按键减
bit k, j;                  // 定义按键状态
uchar a [6];               // 数码管缓存
unsigned char segdata [] ={
0xC0, 0xF9, 0xA4, 0xB0, 0x99, 0x92, 0x82, 0xF8, 0x80, 0x90, 0xBF, };
// "0123456789 —"
void delayms (uint x)
{
 uchar i;
 while (x--)
 for (i=0; i<123; i++);
}
void writeduan (uchar x)
{ P0=x; }
void writewei (uchar x)
{ P2=x; }
void display ()
```

```c
{
    uchar wei=0x01, i=0;
    for (i=0; i<8; i++)
    { writeduan (segdata [a [i]]);
    writewei (wei);
    delayms (5);
    writewei (0x00);
    wei=wei<<1; }
}
void main ()
{
    uchar nu1=0, nu2=99;            // 计数赋初值
    while (1)
    {
        /*K1 按下加计数 */
        if (K1==0&&k==1)
        {delayms (20);              // 延时去抖
            if (K1==0)
            {k=0; nu1++;            // 按键状态清 0，加 1 计数
                if (nu1>=99)        // 计数大于等于 99 时，计数清 0
                nu1=0; }}
        /*K2 按下减计数 */
        if (K2==0&&j==1)
        {delayms (20);
            if (K2==0)
            {j=0; nu2--;
                if (nu2<=0)
                nu2=99; }}
        if (K1) k=1;                //K1 按键释放，状态置 1
        if (K2) j=1;                //K2 按键释放，状态置 1
        a [0] =nu1/10; a [1] =nu1%10; a [2] =a [3] =10; a [4] =nu2/10; a [5] =
        nu2%10;
        display ();
    }
}
```

三、电路仿真

1.绘制电路图

打开 Proteus 软件，建立"按键计数器的制作与实现"文件，放置元器件。所需元器件见表 5-2-4。绘制完成的电路如图 5-2-4 所示。

表 5-2-4　元件清单

元件名称	库名称	元件名称	库名称
单片机	AT89C51	电阻	RES
6 位共阳数码管	7SEG-MPX6-CA	按键	BUTTON
排阻	RESPACK-8		

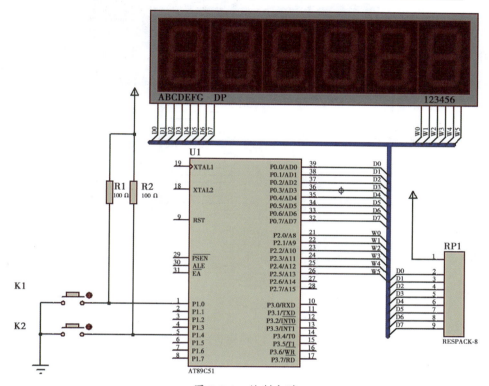

图 5-2-4　绘制电路

2. 编写程序

打开 Keil 软件，新建"按键计数器"工程文件，新建"jishuq.c"文件，编写程序并生成 hex 文件。编写完成的程序如图 5-2-5 所示。

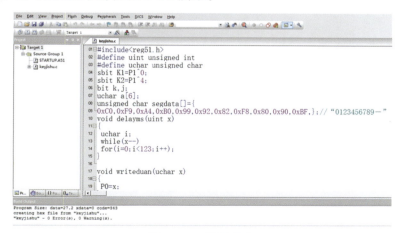

图 5-2-5　编写程序

3.电路仿真

双击单片机，打开"Edit Component"对话框，加载 hex 文件。单击"仿真"按钮，仿真电路，并观看仿真结果。仿真结果如图 5-2-6 所示。

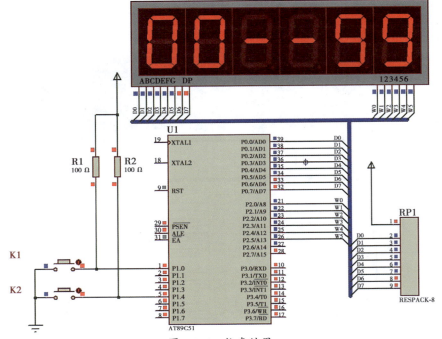

图 5-2-6　仿真结果

仿真结果显示：当按下 K1 按键时，数码管左端开始加 1 计数；当按下 K2 按键时，数码管右端开始减 1 计数。

四、单片机开发板操作

①连接单片机开发板，并打开电源开关。

②打开程序下载软件，设置"按键计数器"程序的 hex 文件路径。

③下载程序，观察实验现象。

实验结果显示，按下独立按键 K1 时，左端数码管加 1；按下独立按键 K2 时，右端数码管减 1。

学习评价与总结 ✐

一、学习评估

评价内容		自　评	小组评价	教师评价
		优☆　良△　中√　差×		
知识与技能	①能描述外部中断的工作方式；			
	②能使用 switch…case 语句编程			
	③能编写按键计数器的 C 程序			
	④能绘制按键计数器的电路			
	⑤能调试仿真按键计数器的程序电路			

续表

评价内容		自 评	小组评价	教师评价
		优☆ 良△ 中√ 差×		
职业素养	① 具有安全用电意识			
	② 安全操作设备			
	③ 笔记记录完整准确			
	④ 符合"6S"管理理念			
综合评价				

二、学习总结

（1）你的收获有哪些？

（2）你还有哪些知识没有掌握好？

任务拓展

采用外部中断 0 方式，编写按键计数器程序实现 0 ~ 99 计数功能，并完成程序调试及电路仿真，电路图如图 5-2-7 所示。

外部中断 0 方式初始化：

中断允许控制寄存器设置：总中断允许 EA=1；外部中断 0 允许 EX0=1；

外部中断 0 触发方式设置：IT0=0。

外部中断 0 程序编写：

void jishu（ ） interrupt 0 //0 为中断编号

{语句；}

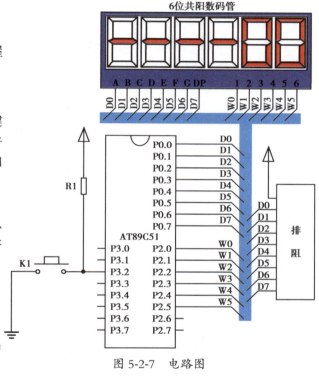

图 5-2-7 电路图

任务检测

一、填空题

1. 51 单片机有_____个中断源。

2. 51 单片机有_____个外部中断。

3. 51 单片机的外部中断分别是_____和_____。

4. 外部中断的触发控制位是_____。

5. 外部中断的中断请求标志位是_____。

6. 中断允许总控位是_____。

7. 外部中断 INT0 的中断允许位是_____。

8. 外部中断 INT1 的中断允许位是_____。

9. 外部中断 INT0 的中断优先级控制位是＿＿＿＿＿＿＿＿。

10. 外部中断 INT1 的中断优先级控制位是＿＿＿＿＿＿＿＿。

二、判断题

1. 51 单片机的中断源有 6 个。 （　　）

2. 51 单片机的外部中断有 3 个。 （　　）

3. 51 单片机的 INT1 的中断请求标志位是 IT1。 （　　）

4. 51 单片机的 INT0 的中断允许位是 EX0。 （　　）

5. PX0 是 51 单片机的 INT0 优先级控制位。 （　　）

三、综合题

绘制"创新设计提高"中的程序流程图。

任务三　制作数码管简易计算器

任务目标 ✏

◎知识目标：能描述矩阵式键盘的工作过程；

　　　　　　能描述简易计算器仿真电路的工作过程。

◎技能目标：能编写简易计算器的 C 语言程序；

　　　　　　能利用 Proteus 软件仿真简易计算器。

◎素养目标：激发学生勇于奋斗、敢于创新的精神；

　　　　　　培养学生独立分析问题的能力。

任务描述 ✏

利用矩阵式键盘，完成简易计算器的程序设计和仿真，要求能实现 4 位以内整数的加、减、乘、除运算功能。电路原理图如图 5-3-1 所示。

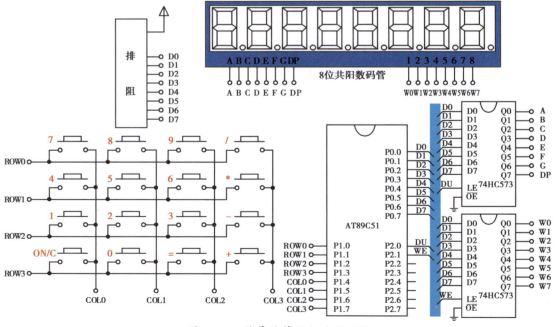

图 5-3-1　简易计算器电路原理图

知识链接 🖉

一、矩阵式键盘结构

在单片机控制系统中，需要的按键数量较多时，采用独立按键会占用大量的单片机 I/O 端口。通常采用矩阵式（又称为行列式）键盘，由行线（ROW）、列线（COL）及位于行列线交叉点上的按键等部分组成，其按键数等于矩阵行数和列数的乘积。如图 5-3-2 所示为一个 4*4 键盘，由 16 个按键组成。

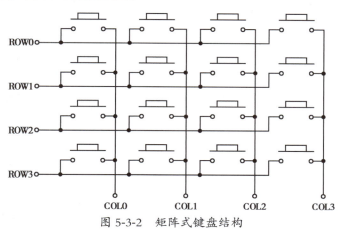

图 5-3-2　矩阵式键盘结构

二、矩阵式键盘的工作原理

在矩阵式键盘中，一根 I/O 端口线已经不能确定哪一个键被按下，键的两端均接到 I/O 端口线上，通过行线和列线共同确定按键状态的位置，判别方法有行（列）扫描法和线反转法两种。

1. 行（列）扫描法

行（列）扫描法，又称逐行（列）扫描查询法，是一种常用的键识别方法。识别步骤如下：

① 首先判断是否有键按下，将全部行线 ROW0—ROW3 置低电平，然后检测列线的状态。只要有一列的电平为低，则表示键盘中有键被按下，而且闭合的键位于低电平线与 4 根行线相交叉的 4 个按键之中；若所有列线均为高电平，则键盘中无键按下。

② 其次做按键消抖处理。

③ 最后做按键识别。

2. 线反转法

线反转法比较简洁，先将 4 行全部置 0（0xf0）；然后读列的状态，接着将列全部置 0（0x0f），读行的状态，通过行 | 列状态就能确定整个行列的状态。步骤如下：

① 将行线作为输出线，将列线作为输入线。输出线全部置 0，此时列线中呈低电平 0 的为按键所在的列，如果全部都不是 0 则没有键按下。

② 将第①步反过来，列线作为输出线，行线作为输入线。输出线全部置 0，此时行线中呈低电平 0 的为按键所在的行。至此便确定按键的位置（x，y）。

有时为了保证一次按键只进行一次按键处理，可以判断按键是否释放，如果按键释放则开始执行操作。

任务实施

一、任务分析

本任务中的计算器是以 80C51 单片机为核心构成的简易计算器系统。该系统通过单片机控制，实现实时扫描 4*4 键盘进行按键检测，并把检测数据和计算结果存储下来，显示在 LED 数码管上，可实现清零。

整个系统可分为 4 个主要功能模块：实时键盘扫描、数据存储和计算、LED 数码管显示、清零。

整个计算器系统的工作过程为：

首先初始化参数，送 LED 低位显示"0"，功能键位不显示；然后扫描键盘看是否有键输入，若有，读取键码。判断键码是数字键、清零键还是"+""−""*""/"，是数值键则送 LED 显示并保存数值，是清零键则做清零处理，是功能键又判断是"="、清零，还是运算键，若是"="则计算最后结果并送 LED 显示，若是运算键则保存相对运算程序的首地址，若是清零键则跳转回初始化阶段使所有值清零。

矩阵键盘键号如图 5-3-3 所示，位置码见表 5-3-1。

表 5-3-1　矩阵键盘的位置码

键　号	位置码	键　号	位置码	键　号	位置码	键　号	位置码
7	0XEE	4	0XED	1	0XEB	ON/C	0XE7
8	0XDE	5	0XDD	2	0XDB	0	0XD7
9	0XBE	6	0XBD	3	0XBB	=	0XB7
/	0X7E	*	0X7D	−	0X7B	+	0X77

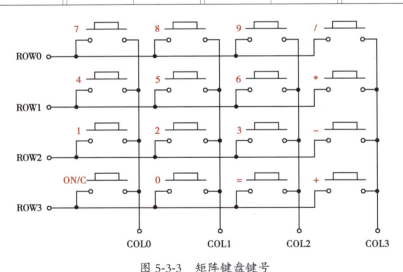

图 5-3-3　矩阵键盘键号

二、程序设计

主函数流程图如图 5-3-4 所示。

键盘扫描程序流程图如图 5-3-5 所示。

显示程序流程图如图 5-3-6 所示。

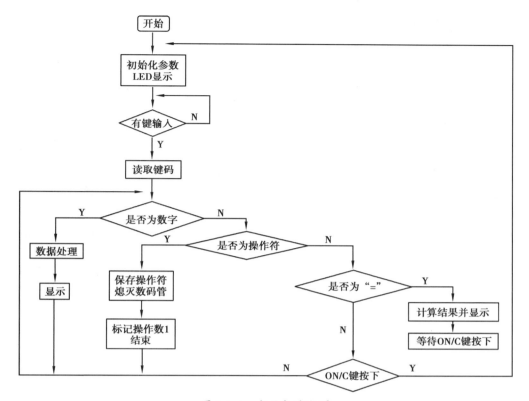

图 5-3-4　主函数流程图

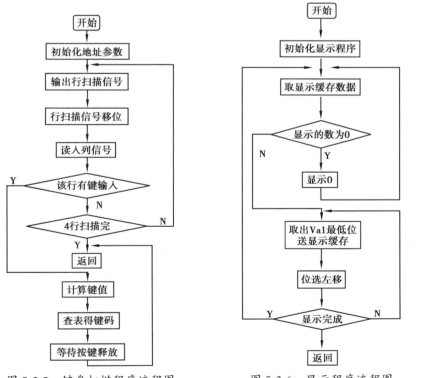

图 5-3-5　键盘扫描程序流程图　　　　　图 5-3-6　显示程序流程图

参考程序：

```c
#include <reg51.h>
#include <intrins.h>
#include <ctype.h>                                    //isdigit（ ）函数
#include <stdlib.h>                                   //atoi（ ）函数
#define uchar unsigned char
#define uint unsigned int
sbit du=P2^0;                                         // 数码管段选端
sbit we=P2^1;                                         // 数码管位选端
uchar operand1［9］，operand2［9］；                    // 操作数
uchar operator;                                       // 操作符
uchar code table［］= {
0xc0，0xf9，0xa4，0xb0，0x99，0x92，0x82，0xf8，0x80，0x90，0xff}；//"0 ～ 9、
熄灭 "
uchar dbuf［8］= {10，10，10，10，10，10，10，10}；        // 显示缓存
/* 延时函数 */
void delay（uint x）
{
    uchar i;
    while（x－－）
    for（i=0；i<123；i++）；
}
/* 键盘扫描程序将按键转化为字符并作为输出
    '$'，'#' 分别表示清零键和没有键按下 */
uchar keyscan（）
{
 uchar skey;                                          // 按键值标记变量
/*扫描键盘第 1 行 */
    P1 = 0xfe;
    while（（P1 & 0xf0）!= 0xf0）                       // 有按键按下
    {
        delay（3）; // 去抖动延时
        while（（P1 & 0xf0）!= 0xf0）                   // 仍有键按下
        {
            switch（P1）                               // 识别按键并赋值
            {
                case 0xee：skey = '7'； break;
                case 0xde：skey = '8'； break;
```

```
                case 0xbe： skey = '9'；  break；
                case 0x7e： skey = '/'；  break；
                default：   skey = '#'；
            }
        while（（P1 & 0xf0）!= 0xf0）；          // 等待按键松开
        }
    }
/* 扫描键盘第 2 行 */
    P1 = 0xfd；
    while（（P1 & 0xf0）!= 0xf0）
    {
        delay（3）；
        while（（P1 & 0xf0）!= 0xf0）
        {
            switch（P1）
            {
                case 0xed： skey = '4'；  break；
                case 0xdd： skey = '5'；  break；
                case 0xbd： skey = '6'；  break；
                case 0x7d： skey = '*'；  break；
                default：   skey = '#'；
            }
            while（（P1 & 0xf0）!= 0xf0）；
        }
    }

/* 扫描键盘第 3 行 */
    P1 = 0xfb；
    while（（P1 & 0xf0）!= 0xf0）
    {
        delay（3）；
        while（（P1 & 0xf0）!= 0xf0）
        {
            switch（P1）
            {
                case 0xeb： skey = '1'；  break；
                case 0xdb： skey = '2'；  break；
                case 0xbb： skey = '3'；  break；
                case 0x7b： skey = '−'；  break；
```

```
                default：skey = '#';
            }
        while （（P1 & 0xf0）!= 0xf0）;
        }
    }
/* 扫描键盘第 4 行 */
    P1 = 0xf7;
    while （（P1 & 0xf0）!= 0xf0）
    {
        delay （3）;
        while （（P1 & 0xf0）!= 0xf0）
        {
            switch （P1）
            {
                case 0xe7：skey ='$'; break;
                case 0xd7：skey ='0'; break;
                case 0xb7：skey ='='; break;
                case 0x77：skey ='+'; break;
                default：skey = '#';
            }
            while （（P1 & 0xf0）!= 0xf0）;
        }
    }
    return skey;
}
/* 运算函数
输入：操作数和操作符
输出：计算结果 */
uint compute （uint va1，uint va2，uchar optor）
{
    uint value;
    switch （optor）
    {
        case '+': value = va1+va2; break;
        case '-': value = va1-va2; break;
        case'*': value = va1*va2; break;
        case '/': value = va1/va2; break;
        default : break;
    }
```

```
        return value;
}
/* 更新显示缓存
输入：无符号整数
输出：将输入送入显示缓存 */
void buf（uint val）
{
    uchar i;
    if（val == 0）
    {
        dbuf［7］= 0;
        i = 6;
    }
    else
        for（i = 7; val > 0; i--）
        {
            dbuf［i］= val % 10;
            val /= 10;
        }

    for（; i > 0; i--）
        dbuf［i］= 10;
}


/* 显示函数 */
void disp（void）
{
    uchar bsel, n;
    bsel=0x01;
    for（n=0; n<8; n++）
    {
        P0=bsel; we=1; we=0;
        P0=table［dbuf［n］］;
        du=1; du=0;
        bsel=_crol_（bsel, 1）;
        delay（3）;
        P0=0xff;
    }
}
```

```c
void main ( )
{
    uint value1, value2, value;          // 数值 1, 数值 2, 结果
    uchar ckey, cut1 = 0, cut2 = 0;      //ckey 键盘输入字符
    uchar operator;                      // 运算符
    uchar i, bool = 0;
init:                                    // goto 语句定位标签
    buf ( 0 ) ;                          // 初始化
    disp ( ) ;
    value = 0;
    cut1 = cut2 = 0;
    bool = 0;
    for ( i = 0; i < 9; i++ )
    {
        operand1 [ i ] = '\0';
        operand2 [ i ] = '\0';
    }
    while ( 1 )
    {
        ckey = keyscan ( ) ;             // 读取键盘
        if ( ckey != '#' )
        { /* isdigit 函数, 字符是阿拉伯数字返回非 0 值, 否则返回 0 */
            if ( isdigit ( ckey ) )
            {
                switch ( bool )
                {
                    case 0:
                        operand1 [ cut1 ] = ckey;
                        operand1 [ cut1+1 ] = '\0';
                        value1 = atoi ( operand1 ) ;   /* atoi 函数,
                                     将字符转化为 int 整数 */
                        cut1++;
                        buf ( value1 ) ;
                        disp ( ) ;
                        break;
                    case 1:
                        operand2 [ cut2 ] = ckey;
                        operand2 [ cut2+1 ] = '\0';
                        value2 = atoi ( operand2 ) ;
```

```
                            cut2++;
                            buf（value2）;
                            disp（ ）;
                            break;
                    default: break;
              }
        }
        else if（ckey=='+'||ckey=='-'||ckey=='*'||ckey=='/'）
        {
              bool = 1;
              operator = ckey;
              buf（0）;
              dbuf［7］= 10;
              disp（ ）;
        }
        else if（ckey =='='）
        {
              value = compute（value1，value2，operator）;
              buf（value）;
              disp（ ）;
              while（1）                    // 计算结束等待清零键按下
              {
                  ckey = keyscan（ ）;
                  if（ckey =='$'）          // 如果有清零键按下跳转到开始
                      goto init;
                  else
                      {
                          buf（value）;
                          disp（ ）;
                      }
              }
        }
        else if（ckey =='$'）
        {goto init; }
    }
    disp（ ）;
  }
}
```

三、电路仿真

1. 绘制电路图

打开 Proteus 软件，建立"简易计算器的制作与实现"文件，放置元器件。所需元器件见表 5-3-2。绘制完成的电路图如图 5-3-7 所示。

表 5-3-2　元件清单

元件名称	库名称	元件名称	库名称
单片机	AT89C51	锁存器	74HC573
8 位共阳数码管	7SEG-MPX6-CA	按键	BUTTON
排阻	RESPACK-8		

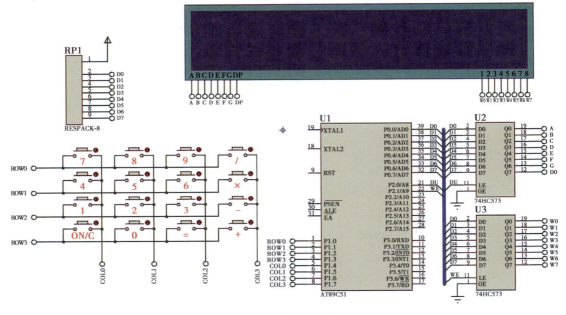

图 5-3-7　绘制电路图

2. 编写程序

打开 Keil 软件，新建"简易计算器"工程文件，新建"jisuanqi.c"文件，编写程序并生成 hex 文件。编写完成的程序如图 5-3-8 所示。

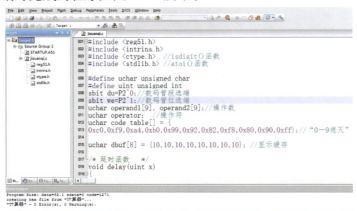

图 5-3-8　编写程序

3. 电路仿真

双击单片机，打开"Edit Component"对话框，加载 hex 文件。单击"仿真"按钮，仿真电路，并观看仿真结果。加法运算 15+20 = 35，仿真结果如图 5-3-9 所示。

仿真视频

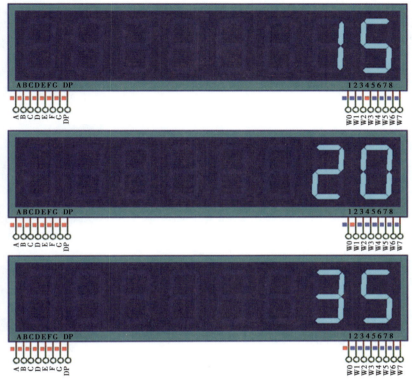

图 5-3-9　仿真结果

通过仿真发现，能实现 4 位整数以内的加、减、乘、除运算功能。但是在除法运算中，不能整除的时候，结果只能显示整数。

学习评价与总结 ✐

一、学习评估

评价内容		自　评	小组评价	教师评价
		优☆　良△　中√　差×		
知识与技能	① 能描述矩阵式键盘的工作原理			
	② 能编写矩阵式键盘的驱动程序			
	③ 能编写简易计算器的 C 程序			
	④ 能绘制简易计算器的电路			
	⑤ 能调试仿真简易计算器的程序电路			

续表

评价内容		自 评	小组评价	教师评价
		优☆ 良△ 中√ 差×		
职业素养	① 具有安全用电意识			
	② 安全操作设备			
	③ 笔记记录完整准确			
	④ 符合"6S"管理理念			
综合评价				

二、学习总结

（1）你的收获有哪些？

（2）你还有哪些知识没有掌握好？

任务拓展 ✎

在使用数码管作为计算器实现时，发现整个运算式子不能完整显示。利用液晶 LCD1602，制作一个计算器，完成程序编写及电路仿真。电路图如图 5-3-10 所示。（LCD1602 的相关知识会在项目七中介绍）

LCD1602 驱动函数如下：

● 判忙函数 void busy（）

该函数用于读取 LCD1602 的状态，"忙"就继续读取状态，"闲"就执行后面的命令。

● 写命令函数 void Write_cmd（）

该函数用于向 LCD1602 发送命令。

● 写数据函数 void Write_data（）

该函数用于向 LCD1602 写入数据。

● 初始化程序 void Lcd_init（）

该函数用于初始化 LCD1602。

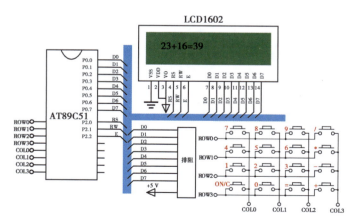

图 5-3-10　电路图

任务检测 ✐

一、填空题

1.矩阵式键盘由_____个按键组成。

2.矩阵式键盘通过上拉电阻接到_____的电源上。

3.常用的键位判别方法有_____和_____两种。

4.在按键的识别时，键位为按下，输出为_____。

5.消除按键抖动通常有_____和_____两种。

6.键盘的结构形式分为_____和_____两种。

7.矩阵键盘又称_____键盘。

8.矩阵键盘的工作过程有_____步。

9.矩阵键盘的工作方式有查询工作方式、定时扫描工作方式和_____。

10.查询工作方式是在主程序中_____插入键盘检测子程序。

二、判断题

1.键盘消抖可以用软件消抖。 （　　　）

2.键位编码只能用顺序排列编码。 （　　　）

3.矩阵键盘只能直接与51单片机的I/O端口相连。 （　　　）

4.4*4矩阵键盘有12个按键。 （　　　）

5.矩阵键盘的工作方式有查询工作方式和定时扫描工作方式。 （　　　）

三、综合题

矩阵键盘采用查询工作方式获取键盘按键编码值，画出流程图。

项目六
单片机控制 LED 点阵显示

项目描述

  LED 点阵显示屏是由若干个半导体发光二极管构成的像素点，按矩阵均匀排列组成。LED 点阵显示屏是一种通过控制半导体发光二极管亮度的方式，来显示文字、图形、图像、视频等各种信息的显示屏幕。因为其像素单元是主动发光的，具有亮度高、视角广、工作电压低、功耗小、寿命长和性能稳定等优点，因而被广泛应用于车站、码头、机场、商场、医院、宾馆、银行、证券市场、建筑市场、拍卖行、工业企业管理和其他公共场所。本项目学习通过单片机驱动点阵工作，主要分为三个任务：任务一控制 LED8*8 点阵显示数字；任务二控制 LED16*16 点阵显示汉字；任务三制作 LED 电子广告牌。通过本项目的学习，使学生对生活中的显示类电子产品有一个新的认识，能设计简单的点阵显示电路并编写程序。

任务一 控制 LED8*8 点阵显示数字

任务目标 🖉

  ◎知识目标：能描述 8*8 点阵的结构；

      能描述 8*8 点阵的编码原理。

  ◎技能目标：能绘制 8*8 点阵电路图；

      能根据电路图编写 8*8 点阵显示数字的 C 语言程序；

      能利用 Proteus 软件仿真和单片机开发板调试程序。

  ◎素养目标：培养学生严谨细致的工作作风；

      培养学生的环保节能意识。

任务描述 🖉

  在 LED8*8 点阵上显示数字"0"，完成程序设计和仿真，电路原理图如图 6-1-1 所示。

知识链接 🖉

  一、8*8 点阵的结构

  8*8 点阵由 64 个半导体发光二极管按矩阵均匀排列，共分为 8 行、8 列。每行二极管的阴极连接在一起，每列 8 只 LED 的阳极连接到一起，8*8 点阵结构如图 6-1-2 所示。

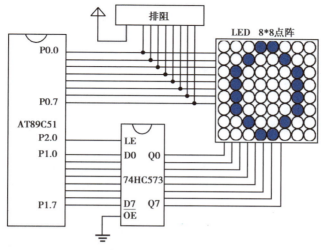

图 6-1-1 电路原理图

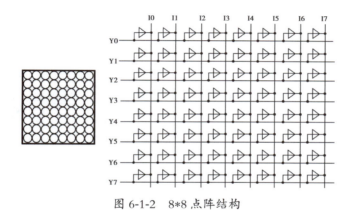

图 6-1-2 8*8 点阵结构

二、8*8 点阵动态显示原理

LED 点阵显示分为静态显示和动态显示两种。静态显示原理简单、控制方便，但硬件接线比较复杂；动态显示采用扫描的方式工作，由峰值较大的窄脉冲电压驱动，从上到下逐次不断地对显示屏的各行进行选通，同时又向各列送出表示图形或文字信息的列数据信号，反复循环以上操作，就可显示各种图形或文字信息。在实际应用中一般采用动态显示方式。

点阵式 LED 汉字广告屏绝大部分是采用动态扫描显示方式，这种显示方式巧妙地利用了人眼的视觉暂留特性。将连续的几帧画面高速循环显示，只要帧速率高于 24 帧 / 秒，人眼看起来那就是一个相对完整的画面。最典型的例子就是电影放映机。在电子领域中，因为这种动态扫描显示方式极大地缩减了发光单元的信号线数量，因此在 LED 显示技术中被广泛使用。

在图 6-1-2 中，Y0—Y7 为行线，接一行二极管的阳极；I0—I7 为列线，接一列二极管的阴极。若在某列在线施加低电平（用"0"表示），在某行在线施加高电平（用"1"表示）。则行线和列线的交叉点处的 LED 就会有电流流过而发光。例如，Y0 为 1，I0 为 0 则左上角的 LED 点亮。再如 Y7 为 1，I0 到 I7 均为 0，则最下面一行 8 个 LED 全点亮。

8*8 点阵动态显示 "0"，扫描过程如图 6-1-3 所示。

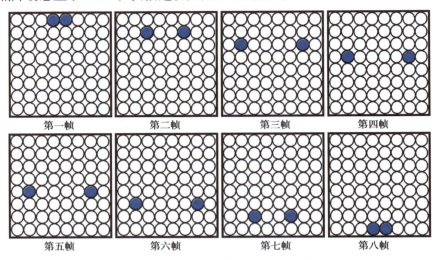

图 6-1-3　8*8 点阵动态显示扫描过程

任务实施

一、任务分析

8*8 点阵行连接单片机 P0 端口，列通过锁存器连接单片机 P2 端口。通过动态扫描方式，P0 端口轮流输出高电平，P2 端口输出 "0" 的编码见表 6-1-1。

表 6-1-1　P2 端口输出 "0" 的编码

8*8 显示	8*8 行		8*8 列	
	二进制	十六进制	二进制	十六进制
LED 8*8点阵 P0.0 ... P0.7 P2.0 ... P2.7	0000 0001	0x01	1110 0111	0xe7
	0000 0010	0x02	1101 1011	0xdb
	0000 0100	0x04	1011 1101	0xbd
	0000 1000	0x08	1011 1101	0xbd
	0001 0000	0x10	1011 1101	0xbd
	0010 0000	0x20	1011 1101	0xbd
	0100 0000	0x40	1101 1011	0xdb
	1000 0000	0x80	1110 0111	0xe7

二、程序设计

程序执行流程图如图 6-1-4 所示。

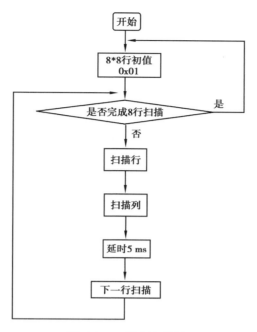

图 6-1-4　程序流程图

参考程序：

```c
#include<reg51.h>
#define uchar unsigned char
#define uint unsigned int
sbit LE=P3^0;                // 锁存器 7HC573 控制端口
uchar zimo [ ] ={0xe7，0xdb，0xbd，0xbd，0xbd，0xbd，0xdb，0xe7}; // 显示 "0" 的
编码
void delayms（uint x）
{
    uchar i;
    while（x--）
    for（i=0；i<123；i++）;
}
/*8*8 点阵写编码程序 */
void LED8x8（uchar x）
{
    P2=zimo [ x ];
    LE=1；LE=0;
}
void main（）
{
    uchar i，row;
    while（1）
```

```
    {
        row=0x01;
        for (i=0; i<8; i++)
        {
            P0=row;
            LED8x8 (i);
            delayms (5);
            row=row<<1;
        }
    }
}
```

三、电路仿真

1. 编写程序

打开 Keil 软件，新建"LED8*8"工程文件，新建"LED8*8.c"文件，编写程序，并生成 hex 文件。编写的程序如图 6-1-5 所示。

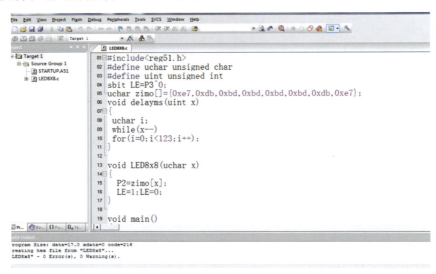

图 6-1-5　编写程序

2. 绘制电路图

打开 Proteus 软件，建立"8*8 点阵显示数字"文件，绘制电路图。所需元件见表 6-1-2。绘制完成的电路图如图 6-1-6 所示。

表 6-1-2　元件清单

元件名称	库名称	元件名称	库名称
单片机	AT89C51	排阻	RESPACK-8
8*8 点阵	MATRIX-8X8-RED	锁存器	74HC573

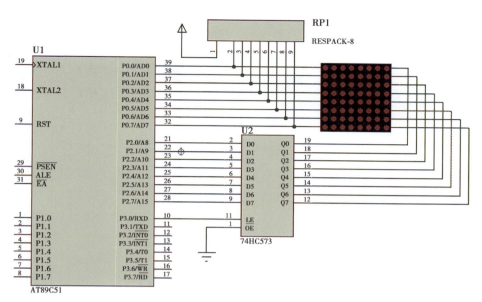

图 6-1-6　绘制电路图

3. 电路仿真

加载"LED8X8.hex"文件，单击"仿真"按钮，仿真结果如图 6-1-7 所示。

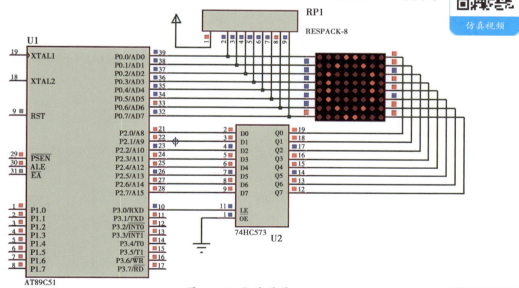

图 6-1-7　仿真结果

仿真结果显示：在 LED8*8 点阵上显示"0"。

四、单片机开发板操作

①连接单片机开发板，并打开电源开关。

②打开程序下载软件，设置"8*8 点阵"程序的 hex 文件路径。

③下载程序，观察实验现象。

实验结果显示，在单片机开发板 LED8*8 点阵上显示"0"。利用 LED 取模软件，改变程序中显示的数字或字符的编码，可以显示不同的数字或字符。

学习评价与总结 🖊

一、学习评估

评价内容		自 评	小组评价	教师评价
		优☆ 良△ 中√ 差 ×		
知识与技能	① 能描述点阵的结构			
	② 能描述点阵的动态显示原理			
	③ 能描述点阵的编码原理			
	④ 能编写点阵动态显示程序			
	⑤ 能调试仿真点阵动态显示程序电路			
职业素养	① 具有安全用电意识			
	② 安全操作设备			
	③ 笔记记录完整准确			
	④ 符合"6S"管理理念			
综合评价				

二、学习总结

（1）你的收获有哪些？

（2）你还有哪些知识没有掌握好？

任务拓展 🖊

利用定时器中断制作 10 秒钟的 8*8 点阵电子秒表，电路图如图 6-1-1 所示。

任务检测 🖊

一、填空题

1.LED 点阵显示分为_____显示和_____显示两种。

2.已知 8*8 点阵，行接高电平，列接低电平。对列进行编码，在下表中写出 0 ～ 9 的点阵编码。

数 字	编 码							
0								
1								
2								
3								
4								
5								
6								
7								
8								
9								

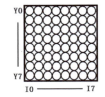

二、综合题

利用 8*8 点阵显示 0 ～ 9 秒的电子秒表，完成程序的编写和仿真，电路图如图 6-1-1 所示。

任务二 控制 LED16*16 点阵显示汉字

任务目标 🖉

◎知识目标：能识读 LED16*16 点阵的结构；

　　　　　能分析电路图。

◎技能目标：能熟练使用字模提取 V2.2 软件；

　　　　　能绘制 LED16*16 点阵电路图；

　　　　　能编写和仿真调试 16*16 点阵显示汉字的 C 语言程序；

　　　　　能利用 Proteus 软件仿真。

◎素养目标：培养学生顽强不屈、艰苦奋斗的吃苦耐劳精神；

　　　　　激发学生探索新知的求知欲。

任务描述 🖉

在 LED16*16 点阵上显示汉字"国"，完成程序设计和仿真。电路原理图如图 6-2-1 所示。

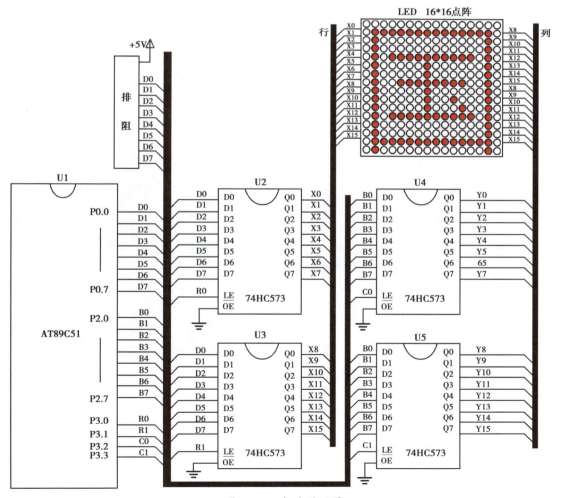

图 6-2-1　电路原理图

知识链接 ✐

一、16*16 点阵的结构

显示一个汉字至少需要 16*16 的点阵，一般 16*16 的点阵由 4 块 8*8 的点阵拼接而成，上面两块点阵构成上半屏，下面两块点阵构成下半屏，如图 6-2-2 所示。可以用锁存器 74HC573 分别控制点阵的行和列，就可实现由单片机控制点阵显示汉字。

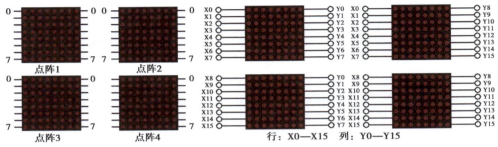

图 6-2-2　16*16 点阵结构

二、汉字取模软件的使用

字模提取 V2.2 是一款功能强大的字模提取软件，能够帮助用户轻松提取字模生成 C15 或 A51 格式文件，满足编程工作者的字模提取功能需求。软件支持图片和文字混合排版的编辑模式，还能够根据需要调整字体大小，让编程工作更加轻松便捷。

其操作方法如下：

①打开软件，单击"参数设置"，如图 6-2-3 所示。单击"文字输入区字体选择"，如图 6-2-4 所示，在打开的"字体"对话框中，可以根据需要对字体、字形、字号等进行设置，如图 6-2-5 所示。单击"其他选项"，可以对其他参数进行设置，如图 6-2-6 所示。

图 6-2-3　字模提取 V2.2 的主界面

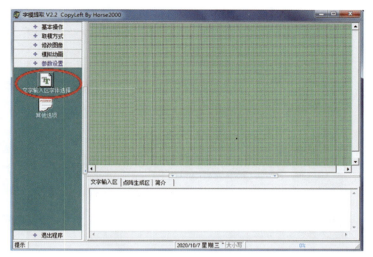

图 6-2-4　单击"文字输入区字体选择"

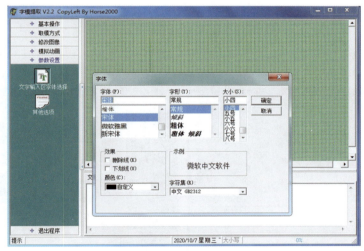

图 6-2-5　字体设置

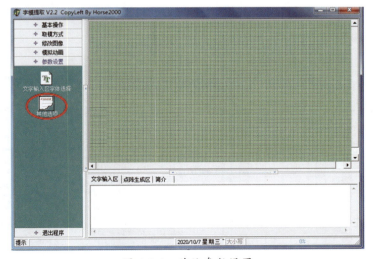

图 6-2-6　其他参数设置

本任务的取模方式为：横向取模，字节倒序，如图 6-2-7 所示。

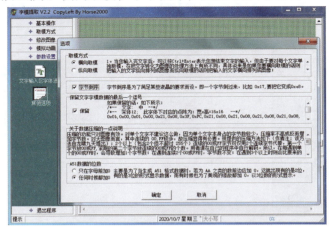

图 6-2-7　取模方式设置

②在"文字输入区"输入要取模的文字"国"，文字输入完成后，同时按下 Ctrl+Enter 键结束文字输入。这时在取模软件上会显示相应的文字，如图 6-2-8 所示。

③单击"取模方式"，选择"C51 格式"完成字模生成，再把生成的字模编码复制出来即可，如图 6-2-9 所示。

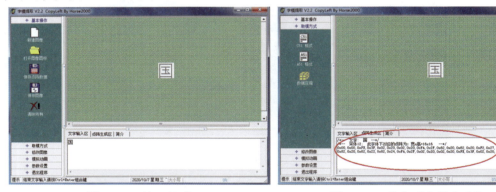

图 6-2-8　输入汉字　　　　　　　　　　图 6-2-9　单击"取模方式"

三、汉字取模原理

16*16 点阵，一般采用横向取模、字节倒序的方式，有字模处为"1"，空白处为"0"，如图 6-2-10 所示。

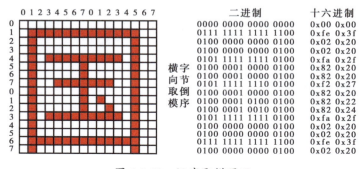

图 6-2-10　汉字取模原理

字模提取 V2.2 软件只能取阳码。但在点阵显示的字库调用时，要对每一个字库编码进行按位取反运算。例如：P2=˜zimo［i］；。

任务实施 ✐

一、任务分析

LED16*16 点阵由 4 块 8*8 点阵拼接而成，分为 16 行、16 列，16 行（X0—X15）由锁存器 U2 和 U3 驱动，16 列（Y0—Y15）由锁存器 U4 和 U5 驱动。

单片机 P0 端口轮流为 16*16 点阵行输出高电平，P2 端口为列输出字模，即可实现汉字的显示。

二、程序设计

16*16 点阵显示分为上半屏显示和下半屏显示。程序执行流程图如图 6-2-11 所示。

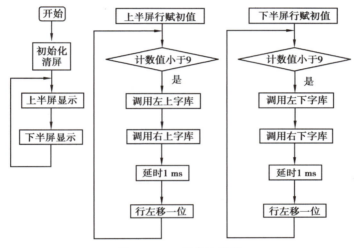

图 6-2-11　程序流程图

参考程序：

```c
#include<reg51.h>
#define uchar unsigned char
#define uint unsigned int
sbit R0=P3^0;          // 上半屏控制
sbit R1=P3^1;          // 下半屏控制
sbit C0=P3^2;          // 左半屏控制
sbit C1=P3^3;          // 右半屏控制
uchar zim [ ]={ //" 国 " 编码
  0x00, 0x00, 0x7F, 0xFC, 0x40, 0x04, 0x40, 0x04,
  0x5F, 0xF4, 0x41, 0x04, 0x41, 0x04, 0x4F, 0xE4,
  0x41, 0x04, 0x41, 0x44, 0x41, 0x24, 0x5F, 0xF4,
  0x40, 0x04, 0x40, 0x04, 0x7F, 0xFC, 0x40, 0x04,
};
```

```c
void delayms（uint x）
{
    uchar i;
    while（x--）
    for（i=0；i<123；i++）;
}
void LED16x16（）
{
    uchar i，we;
    // 上半屏显示
    we=0x01;
    for（i=0；i<9；i++）
    {
        P0=we；R0=1；R0=R1=0；// 上半屏开显示
        P2=˜zim［2*i］；C0=1；C1=C0=0；        // 调用左上字库
        P2=˜zim［2*i+1］；C1=1；C1=C0=0；        // 调用右上字库
        delayms（1）;
        we=we<<1;
    }
    // 下半屏显示
    we=0x01;
    for（i=0；i<9；i++）
    {
        P0=we；R1=1；R0=R1=0；// 下半屏开显示
        P2=˜zim［2*i+16］；C0=1；C1=C0=0；        // 调用左下字库
        P2=˜zim［2*i+17］；C1=1；C1=C0=0；        // 调用右下字库
        delayms（1）;
        we=we<<1;
    }
}
void main（）
{
    /* 初始化清屏 */
    P0=0X00;
    R0=R1=C0=C1=1;
    R0=R1=C0=C1=0;
    while（1）
```

```
{LED16x16（ ）；}        // 调用 16*16 显示函数
}
```

三、电路仿真

1. 编写程序

打开 Keil 软件，新建"LED16*16"工程文件，新建"LED16*16.c"文件，编写程序，并生成 hex 文件。编写的程序如图 6-2-12 所示。

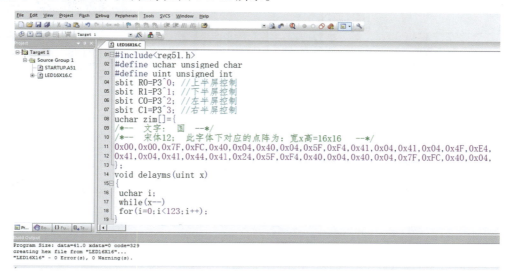

图 6-2-12　编写程序

2. 绘制电路

打开 Proteus 软件，创建"16*16点阵显示汉字"文件，绘制电路图。所需元件见表 6-1-2。

表 6-2-1　元件清单

元件名称	库名称	元件名称	库名称
单片机	AT89C51	排阻	RESPACK-8
8*8 点阵	MATRIX-8X8-RED	锁存器	74HC573

先放置 4 个 8*8 点阵，每个点阵的行和列放置端口及网络标号，再将 4 个 8*8 点阵拼接在一起，如图 6-2-13 所示。

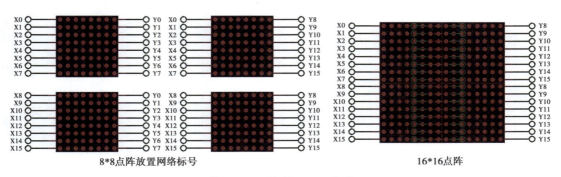

8*8点阵放置网络标号　　　　　　　　　16*16点阵

图 6-2-13　绘制 16*16 点阵

根据电路原理图要求，完成各元件的放置，并连线，绘制完成的电路如图 6-2-14 所示。

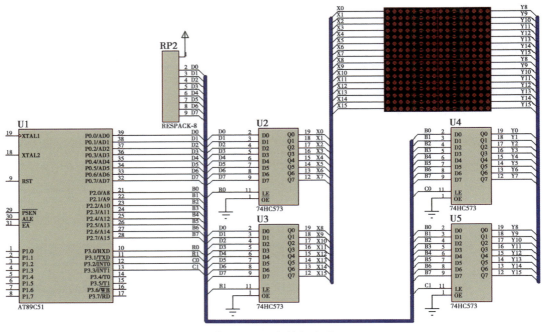

图 6-2-14　绘制电路图

3. 电路仿真

双击单片机，加载 hex 文件，单击"仿真"按钮，进行电路程序仿真，为了更好地显示汉字，在仿真的时候需要关闭所有元器件的电平显示，关闭电平显示的方法：单击"System"→"set Animation Options…"→在弹出的对话框中把"Show Logic State of Pins？"的√去掉，即可关闭电平显示，如图 6-2-15 所示。

仿真结果如图 6-2-16 所示。

仿真视频

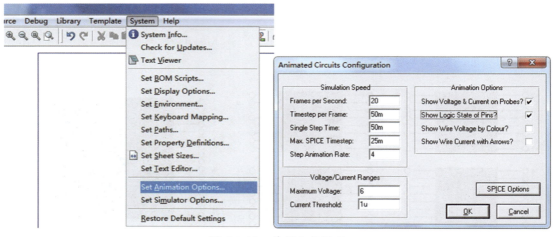

图 6-2-15　关闭电平显示

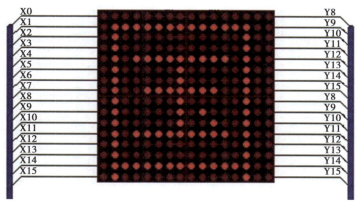

图 6-2-16　仿真结果

仿真结果显示：在 16*16 点阵上显示"国"字。

学习评价与总结

一、学习评估

评价内容		自　评	小组评价	教师评价
		优☆　良△　中√　差 ×		
知识与技能	① 能描述 16*16 点阵的结构			
	② 能绘制 16*16 点阵			
	③ 能绘制电路图			
	④ 能编写显示汉字的 C 程序			
	⑤ 能调试仿真显示汉字的程序电路			
职业素养	① 具有安全用电意识			
	② 安全操作设备			
	③ 笔记记录完整准确			
	④ 符合"6S"管理理念			
综合评价				

二、学习总结

（1）你的收获有哪些?

（2）你还有哪些知识没有掌握好?

任务拓展

在 16*16 点阵上轮流显示"祖国万岁"4 个汉字，完成程序的编写及仿真。电路图如图 6-2-1 所示。假如用延时函数实现，可能会出现屏幕闪烁的情况，可以采用定时器中断来实现汉字的交替显示。

显示多个汉字时，在取模的时候要建立一个二维数组。

```
uchar code zimo［］［32］={ }      //"祖国万岁 " 编码
```

任务检测

综合题

在 16*16 点阵上滚动显示"欢迎光临"4 个汉字，完成程序的编写及仿真。电路图如图 6-2-1 所示。

任务三　制作电子广告牌

任务目标

◎知识目标：能识读 LED16*32 点阵的结构；

　　　　　　能分析 LED 电子广告牌电路原理图。

◎技能目标：能绘制电子广告牌的电路图；

　　　　　　能编写电子广告牌的 C 语言程序；

　　　　　　能使用 Proteus 软件仿真电子广告牌。

◎素养目标：培养学生严谨细致的编程习惯；

　　　　　　培养学生树立正确的核心价值观。

任务描述

在 LED16*32 点阵上轮流显示"爱国　敬业　诚信　友善"，完成程序设计和仿真。电路原理图如图 6-3-1 所示。

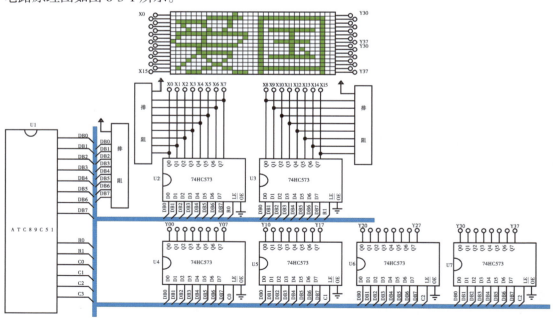

图 6-3-1　LED 电子广告牌电路原理图

知识链接

LED16*32 点阵结构

LED16*32 点阵由 8 块 8*8 点阵构成，上面 4 块点阵构成上半屏，下面 4 块点阵构成下半屏。可以将点阵看成两行和四列，分别由锁存器 74HC573 控制 16*32 点阵的行和列，如图 6-3-2 所示。

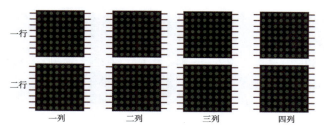

图 6-3-2　LED16*32 点阵结构

任务实施🖋

一、任务分析

16*32 点阵的行由两个锁存器 U2、U3 驱动控制，列由 4 个锁存器 U4、U5、U6、U7 驱动控制。单片机轮流为点阵行输出高电平，为列输出汉字字库编码；本任务程序编写采用定时器 T0 方式，不用长时间占用 CPU 资源，提高了 CPU 利用率并解决了点阵显示闪烁的问题。

多个汉字同时取模的时候，需定义一个二维数组，32 个字节构成一个汉字，所以数组里面的元素长度为 32。

uchar code zimo［］［32］={　};

二、程序设计

程序执行流程图如图 6-3-3 所示。

参考程序：

```
#include<reg52.h>
#define uchar unsigned char
#define uint unsigned int
sbit rw1=P2^0;
sbit rw2=P2^1;
sbit cl1=P2^2;
sbit cl2=P2^3;
sbit cl3=P2^4;
sbit cl4=P2^5;
```

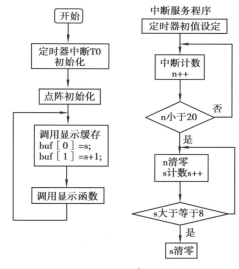

图 6-3-3　程序流程图

/*" 爱国敬业诚信友善 " 编码 */

uchar code zimo［］［32］={

/*—— 文字：爱 ——*/

/*—— 宋体 12；此字体下对应的点阵为：宽 * 高 =16*16——*/

0x00，0x10，0x80，0x3F，0x7E，0x08，0x44，0x08，0x88，0x04，0xFE，0x7F，0x42，0x40，0x41，0x20，

0xFE，0x1F，0x20，0x00，0xE0，0x0F，0x50，0x08，0x88，0x04，0x04，0x03，0xC2，0x0C，0x38，0x70，

```
/*-- 文字：国 --*/
/*-- 宋体 12；此字体下对应的点阵为：宽 * 高 =16*16--*/
0x00，0x00，0xFE，0x3F，0x02，0x20，0x02，0x20，0xFA，0x2F，0x82，0x20，
0x82，0x20，0xF2，0x27，
    0x82，0x20，0x82，0x22，0x82，0x24，0xFA，0x2F，0x02，0x20，0x02，0x20，
0xFE，0x3F，0x02，0x20，

    ......
};
uchar buf［2］；
uchar n，s=0；
void delayms（uint x）
{
    uchar i；
    while（x--）
    for（i=0；i<123；i++）；
}
void LED16x32CSH（）
{
    P0=0X00；
    rw1=rw2=1；rw1=rw2=0；
    P0=0XFF；
    cl1=cl2=cl3=cl4=1；        cl1=cl2=cl3=cl4=0；
}
void LED16x32（）
{
    uchar i，we；
    // 上半屏扫描
    we=0x01；
    for（i=0；i<9；i++）
    {
        P0=we；rw1=1；rw1=0；
        P0=˜zimo［buf［0］］［2*i］；cl1=1；cl1=0；
        P0=˜zimo［buf［0］］［2*i+1］；cl2=1；cl2=0；

        P0=˜zimo［buf［1］］［2*i］；cl3=1；cl3=0；
        P0=˜zimo［buf［1］］［2*i+1］；cl4=1；cl4=0；
```

```c
      delayms（1）；
      we=we<<1；}
// 下半屏扫描
    we=0x01；
    for（i=0；i<9；i++）
    {
      P0=we；rw2=1；rw2=0；
      P0= ~zimo［buf［0］］［2*i+16］；cl1=1；cl1=0；
      P0= ~zimo［buf［0］］［2*i+17］；cl2=1；cl2=0；

      P0= ~zimo［buf［1］］［2*i+16］；cl3=1；cl3=0；
      P0= ~zimo［buf［1］］［2*i+17］；cl4=1；cl4=0；
      delayms（1）；
      we=we<<1；}
}
void main（）
{
    TMOD=0X01；
    TR0=1；
    TH0=（65536-30000）/256；
    TL0=（65536-30000）%256；
    ET0=1；　EA=1；LED16x32CSH（）；
    while（1）
    {buf［0］=s；buf［1］=s+1；
    LED16x32（）；}
}
void time0（） interrupt 1
{
    TH0=（65536-30000）/256；
    TL0=（65536-30000）%256；
    n++；
    if（n>=20）
    {n=0；s++；
      if（s>=8）
      {s=0；}}
}
```

三、电路仿真

1. 编写程序

打开 Keil 软件，新建"LED16*32"工程文件，新建"LED16*32.c"文件，编写程序，并生成 hex 文件。编写的程序如图 6-3-4 所示。

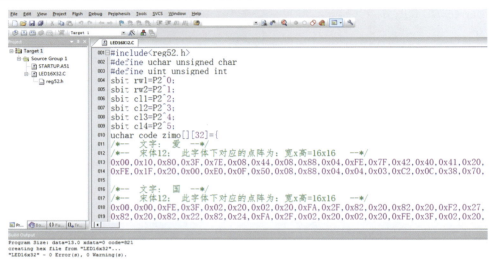

图 6-3-4　编写程序

2. 绘制电路

打开 Proteus 软件，创建"16*32 点阵显示汉字"文件，绘制电路图。所需元件见表 6-3-1。

表 6-3-1　元件清单

元件名称	库名称	元件名称	库名称
单片机	AT89C51	排阻	RESPACK-8
8*8 点阵	MATRIX-8X8-RED	锁存器	74HC573

先放置 8 个 8*8 点阵，每个点阵的行和列放置端口及网络标号，如图 6-3-5 所示；再将 8 个 8*8 点阵拼接在一起，即完成 16*32 点阵的绘制，如图 6-3-6 所示。

根据电路原理图的要求，完成各元件的放置，并连线，绘制完成的电路图如图 6-3-7 所示。

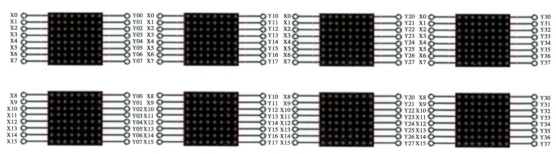

图 6-3-5　绘制 8 个 8*8 点阵

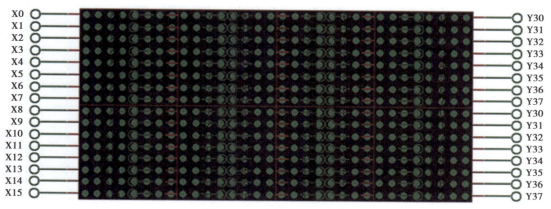

图 6-3-6　绘制 16*32 点阵

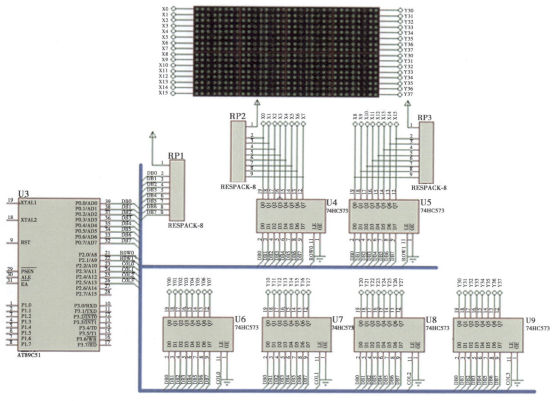

图 6-3-7　绘制电路图

3. 电路仿真

双击单片机，加载 hex 文件，单击"仿真"按钮，进行电路程序仿真，仿真结果如图 6-3-8 所示。

仿真结果显示：在 16*32 点阵上，轮流显示广告语"爱国　敬业　诚信　友善"。

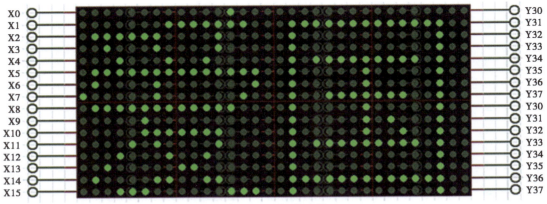

图 6-3-8　仿真效果

学习评价与总结

一、学习评估

评价内容		自　评	小组评价	教师评价
		优☆　良△　中√　差×		
知识与技能	① 能描述 16*32 点阵的结构			
	② 能绘制 16*32 点阵图			
	③ 能绘制电路图			
	④ 能编写电子广告牌的 C 程序			
	⑤ 能调试仿真电子广告牌的程序电路			
职业素养	① 具有安全用电意识			
	② 安全操作设备			
	③ 笔记记录完整准确			
	④ 符合"6S"管理理念			
综合评价				

二、学习总结

（1）你的收获有哪些？

（2）你还有哪些知识没有掌握好？

任务拓展

从本次任务的仿真结果可以看出，每两个字轮流在点阵上显示，有顿挫感，显示不流畅，影响观看效果。为了克服这一缺点，试编写程序将广告语"爱国　敬业　诚信　友善"设置为"进入"循环显示。

利用缓存附加信息的方法，在显示程序中加以利用，可以实现很多显示特效。把显示函数中的"位异或"运算改为"位与"或"位或"运算，然后控制附加信息的变化，可以实现"进入""退出""拉幕"等特效。

任务检测

综合题

绘制本任务中电子广告牌的程序流程图。

项目七
单片机控制液晶显示

小故事

项目描述

　　液晶显示广泛应用于各行各业以及社会生活的方方面面，具有低压、微功耗、无辐射、无污染的特点。本项目主要学习通过单片机控制液晶显示，共分为两个任务：任务一控制 LCD1602 液晶显示；任务二制作 LCD12864 电子日历。通过以上任务的学习，让学生明确单片机控制液晶显示的工作原理，以及液晶显示控制的各种指令的用法，为更好控制液晶显示显示复杂的汉字或图像打下良好的基础。

任务一　控制 LCD1602 液晶显示

任务目标

　　◎知识目标：能描述 LCD1602 液晶显示原理；
　　　　　　　　能识读 LCD1602 读写操作时序。
　　◎技能目标：能编写 LCD1602 的控制指令；
　　　　　　　　能编写液晶显示的 C 语言程序；
　　　　　　　　能利用 Proteus 软件仿真和单片机开发板调试程序。
　　◎素养目标：提升学生的民族自豪感；
　　　　　　　　激发学生积极探索、勇于探索的求知欲和创新精神。

任务描述

　　单片机 P0 端口外接一个 LCD1602 液晶显示屏的数据端口，试编写控制程序，控制液晶显示屏显示"I Like LCD"。电路原理图如图 7-1-1 所示。

知识链接

一、LCD1602 显示原理

　　字符型 LCD 显示器是一种通用的显示器件，LCD1602 能显示 2 行 × 16 个字符，该显示器由 32 个字符点阵块组成，每个字符点阵块由 5 × 7 或 5 × 10 个点阵组成，如图 7-1-2 所示。大多数字符型 LCD 显示器都以模块形式使用，LCD 显示器模块（简称 LCM）中有 LCD 驱动电路（点阵的行和列扫描电路）和接口控制器电路，有些字符型 LCD 显示器模块还带有背光板组件。

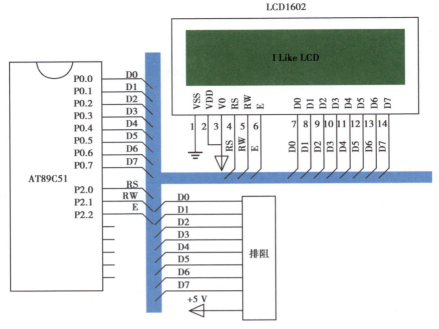

图 7-1-1　液晶显示电路原理图

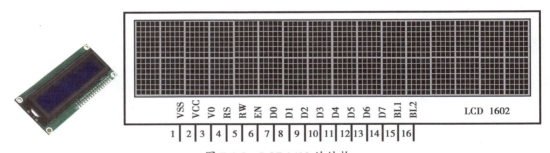

图 7-1-2　LCD1602 的结构

标准的字符型 LCD 显示器模块的接口引脚名称和引脚功能见表 7-1-1。

表 7-1-1　字符型 LCD 显示器模块的引脚名称和功能

引脚序号	引脚符号	功　能
1	VSS	供电电源接地
2	VCC	供电电源正输入端（DC=5 V）
3	V0	对比度控制电压输入端（0 ~ 5 V）
4	RS	寄存器选择输入端： RS = 0，选择指令寄存器 RS = 1，选择数据寄存器
5	RW	读 / 写选择输入端：RW = 0，写操作；RW = 1，读操作
6	EN	显示器模块使能信号输入端，高电平有效
7—14	DB0—DB7	8 位双向数据总线
15、16	BL1 和 BL2	背光板工作电压的输入端

二、LCD1602 控制指令

字符型 LCD 显示器模块的详细指令见表 7-1-2。

表 7-1-2 字符型 LCD 显示器模块的指令集

命　令	RS	RW	D7	D6	D5	D4	D3	D2	D1	D0	功　能
清屏	0	0	0	0	0	0	0	0	0	1	清除屏幕显示内容
归位	0	0	0	0	0	0	0	0	1	*	将光标移回原点
设置输入模式	0	0	0	0	0	0	0	0	I/D	S	设置光标、显示画面移动方向
显示开关控制	0	0	0	0	1	1	1	D	B	C	设置显示、光标、光标闪烁的开关
设置显示模式	0	0	0	0	1	1	1	0	0	0	设置显示为 16*2，5*7 的点阵，8 位数据总线
设置数据指针	0	0	80H+ 地址码（第一行：0—27H；第二行：40H—67H）								设置数据指针
读忙标志 BF	0	1	BF	AC6	AC5	AC4	AC3	AC2	AC1	AC0	液晶屏工作状态
写数据	1	0	8 位数据								往 DDRAM 中写数据
读数据	1	1	8 位数据								从 DDRAM 中读数据

功能说明：

● 清屏：清除显示屏所有内容，光标回到原点。

● 归位：清地址计数器 AC=0；将光标移回原点；位 DDRAM 中的内容不变。

● 设置输入模式：设置光标、显示画面移动方向。

I/D：地址指针 AC 变化方向标志。

I/D=1 时，读写一个字符后，地址计数器 AC 自动加 1；

I/D=0 时，读写一个字符后，地址计数器 AC 自动减 1。

S：显示移位标志。

S=1 时，输入一个字符后全部显示往左移动或者往右移动；

S=0 时，输入一个字符显示不发生位移。

● 显示开关控制：设置光标、显示画面移动方向。

D：显示开 / 关控制标志。D=1，开显示；D=0，关显示。

C：光标显示标志。C=1，显示光标；C=0，不显示光标。

B：闪烁显示控制标志。B=1，光标闪烁；B=0，光标不闪烁。

● 设置显示模式：设置模块的显示方式。在本书中 LCD1602 采用的显示模式为 16*2，5*7 的点阵，8 位数据总线。

● 设置数据指针：设置 DDRAM 地址指针。它将 DDRAM 存储显示字符的字符码的首地址送入地址计数器 AC 中，显示字符的字符码就可以写入 DDRAM 中，或者从 DDRAM 中读出。LCD1602 有两行，每行有 40 个地址，通常取前面 16 个。要想在正确位置显示字符，第一行为 80H，第二行为 C0H。例如：在 DDRAM 的 01H 地址处显示字符 "0"，那么第一行的地址数据为 80H+01H 或 0x80+0x01；第二行的地址数据为 C0H+01H 或 0xC0+0x01。

● 读忙标志 BF：当 RS=0 和 R/W=1 时，在 E 信号高电平作用下，BF 和 AC6—AC0 被读到数据总线 DB—7DB0 的相应位，通过 BF=1，表示 LCD1602 正在进行内部操作，此时 LCD1602 不接收任何外部指令和数据，直到 BF=0 为止。

● 写数据：往 DDRAM 中写数据。

● 读数据：从 DDRAM 中读取数据。

三、LCD1602 读写操作时序

LCD1602 读操作时序如图 7-1-3 所示，读操作过程为：R/W 端为 1；RS 端根据写指令写数据，分别设置为 0 和 1；E 端变为 1，LCD1602 输出数据，单片机可读取数据 DB0—DB7；E 端变为 0，此后数据输出无效。

LCD1602 写操作时序如图 7-1-4 所示，写操作过程为：R/W 端为 0；RS 端根据写指令写数据，分别设置为 0 和 1；单片机准备好数据 DB0—DB7 后，在 E 端产生下降沿，LCD1602 锁定数据。

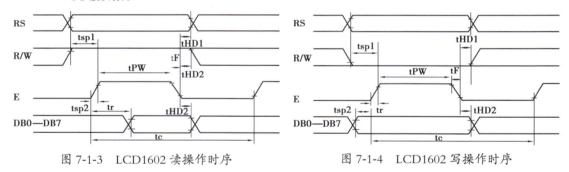

图 7-1-3　LCD1602 读操作时序　　　　图 7-1-4　LCD1602 写操作时序

任务实施

一、任务分析

根据电路分析可知：单片机的 P0 端口作为 LCD1602 的数据，LCD1602 控制端口 RS、RW、EN 分别连单片机的 P2.0、P2.1、P2.2 这 3 个端口。

LCD1602 驱动函数如下：

● 判忙函数 void busy（）

该函数用于读取 LCD1602 的状态，"忙" 就继续读取状态，"闲" 就执行后面的命令。

● 写命令函数 void Write_cmd（）

该函数用于向 LCD1602 发送命令。

● 写数据函数 void Write_data（）

该函数用于向 LCD1602 写入数据。

● 初始化程序 void Lcd_init（）

该函数用于初始化 LCD1602。

设置地址指针、数据指针：

"I Like LCD"字符在 LCD1602 第一行中间显示，所以数据地址为：0x80+0x03。

二、程序设计

程序执行流程图如图 7-1-5 所示。

参考程序：

```
#include<reg51.h>
#define uint unsigned int
#define uchar unsigned char
#define DATA P0
sbit rs=P2^0；
sbit rw=P2^1；
sbit en=P2^2；
sbit BF=P0^7；              // 用于判忙
void delayms（uint x）    // 延时函数
{
  uchar i；
  while（x--）
  for（i=0；i<123；i++）；
}
/* 判忙函数 */
void busy（）
{
  P0=0xff；
  do
  {
     rs=0；rw=1；
     en=0；en=1；
  }
  while（BF==1）；
  en=0；
}
/* 写命令函数 */
void Write_cmd（uchar x）
{
  busy（）；
  rs=0；                      // 写指令标志
  rw=0；
  DATA= x；
```

图 7-1-5　程序流程图

```
    delayms（1）；
    en=1；
    delayms（1）；
    en=0；
}
/* 写数据函数 */
void Write_data （uchar dat）
{
    busy（）；
    rs=1；                          // 写数据标志
    rw=0；
    DATA=dat；
    delayms（1）；
    en=1；
    delayms（1）；
    en=0；
}
void Lcd_init （）               //LCD 初始化函数
{
    delayms（5）；                  // 延时 10 ms
    Write_cmd（0x38）；             // 连续执行 3 次，等待 LCM 上电自复位结束
    delayms（1）；
    Write_cmd（0x38）；
    delayms（1）；
    Write_cmd（0x38）；             // 功能设定，接口 DB 宽度 8 位，两行显示
    delayms（1）；
    Write_cmd（0x08）；             // 显示关闭
    delayms（1）；
    Write_cmd（0x01）；             // 清屏
    delayms（1）；
    Write_cmd（0x06）；             // 进入模式设定
    delayms（1）；
    Write_cmd（0x0c）；             // 显示开关控制
}
void main （）
{
    Lcd_init（）；
    Write_cmd（0x80+0X03）；       //LCD 的第一行的第 4 个地址，写入 "I Like LCD"
    Write_data（'I'）；  Write_data（' '）；  Write_data（'L'）；
```

Write_data（'i'）；Write_data（'k'）；Write_data（'e'）；

Write_data（' '）；Write_data（'L'）；Write_data（'C'）；

Write_data（'D'）；

while（1）；

}

三、电路仿真

1. 绘制电路图

打开 Proteus 软件，建立"LCD1602"文件，放置元器件，所需元件见表 7-1-3。

表 7-1-3　元件清单

元件名称	库名称	元件名称	库名称
单片机	AT89C51	液晶显示	LM016L
排阻	RESPACK-8		

把所需元件放置完后，连接电路，完成后的电路图如图 7-1-6 所示。

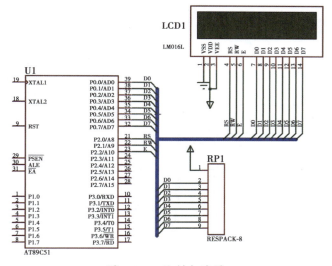

图 7-1-6　绘制电路图

2. 编写程序

打开 Keil 软件，新建"LCD1602"工程文件，新建"1602.c"文件，编写程序，并生成 hex 文件。编写完成后的部分程序如图 7-1-7 所示。

3. 电路仿真

双击"AT89C51"元件，在"Program File"栏中选择已经生成的"1602.hex"文件，导入单片机中，单击"仿真"按钮进行电路程序仿真。仿真结果如图 7-1-8 所示。

仿真结果显示：1602 显示"I Like LCD"，同时在单片机、显示屏和排阻的每个引脚旁边会出现一个小方块，红色的方块表示高电平，蓝色的方块表示低电平。通过方块颜色的变化可以很直观地知道每个引脚电平的变化。

仿真视频

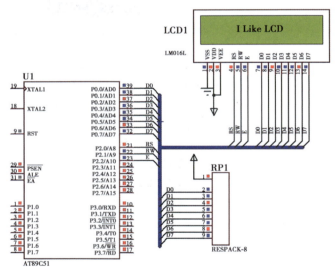

图 7-1-7 编写程序

图 7-1-8 仿真结果

操作演示

四、单片机开发板操作

①安装 LCD1602 液晶屏，在安装时仔细查看管脚对应关系。

②连接单片机开发板，并打开电源开关。

③打开程序下载软件，设置"LCD1602 液晶显示"程序的 hex 文件路径。

④下载程序，观察实验现象。

实验结果显示，在 LCD1602 屏幕上显示"I Like LCD"。LCD1602 是带字库的，在程序中只需要输入不同的字符，即可显示出来。

注意：LCD1602 上无显示时，可以调节旁边的电位器，改变 LCD 的背光强度，即可正常显示。

学习评估与总结 🖉

一、学习评估

评价内容		自 评	小组评价	教师评价
		优☆ 良△ 中√ 差 ×		
知识与技能	① 能创建工程文件			
	② 能创建程序文件			
	③ 能编写程序			
	④ 能调试仿真程序电路			
职业素养	① 具有安全用电意识			
	② 安全操作设备			
	③ 笔记记录完整准确			
	④ 符合"6S"管理理念			
综合评价				

二、学习总结

（1）你的收获有哪些？

（2）你还有哪些知识没有掌握好？

任务拓展 🖉

编写程序完成 1602 显示模块分两行显示，第一行显示"I Like LCD"，第二行显示"I am Very Good"，电路图如图 7-1-1 所示。

任务检测 🖉

一、填空题

1. 在进行 1602 显示模块初始化程序编写时，写指令 38H 需连续执行_____次，等待 LCD 上电自复位结束。

2. 字符型 LCD 显示屏 1602 表示可以显示_____行，每行可以显示_____个字符。

3. 字符型 LCD 引脚 RS ＝ 0 时，表示选择了_____寄存器；RS ＝ 1 时，表示选择了_____寄存器。

4. 字符型 LCD 引脚 RW ＝ 0 时，表示_____使能；RW ＝ 1 时，表示_____使能。

二、判断题

1. 字符型 LCD 显示模块的指令集中，显示开关控制位 D ＝ 1 时，表示显示器关。
（   ）

2. 字符型 LCD 显示模块的指令集中，忙标志位 BF ＝ 0 时，表示 LCM 处于空闲状态。
（   ）

3. 字符型 LCD 显示模块的指令集中，功能设定 DL ＝ 1 时，表示有效位为 4 位。
（   ）

4. 字符型 LCD 显示模块的指令集中，显示地址计数器模式选择 I/D=0，表示减 1 模式；I/D=1，表示加 1 模式。
（   ）

三、综合题

试编写 1602 显示模块显示实时的 24 小时制的时钟，电路图如图 7-1-1 所示。

任务二　制作 LCD12864 电子日历

任务目标 ✐

◎知识目标：能识读 LCD12864 的内部结构；

能说出 LCD12864 的引脚名称和功能；

能识读 LCD12864 的读写操作时序。

◎技能目标：能使用 LCD12864 指令集；

能编写电子日历的 C 语言程序；

能使用 Proteus 软件仿真电子日历。

◎素养目标：培养学生分析问题、解决问题的能力；

培养学生严谨认真的工作作风。

任务描述 ✐

利用 LCD12864 完成电子日历的制作，8 个独立按键 K1—K8 分别对年、月、日、时、分、星期进行调节。电路原理图如图 7-2-1 所示。

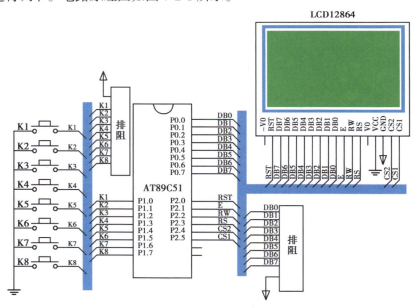

图 7-2-1　LCD12864 电子日历电路原理图

知识链接 ✐

一、LCD12864 硬件结构

LCD12864 是一种图形点阵液晶显示器，它主要由行驱动器 / 列驱动器及 128*64 全点阵液晶显示器组成，可显示图形、汉字等信息，如图 7-2-2 所示。LCD12864 的引脚名称和功能见表 7-2-1。

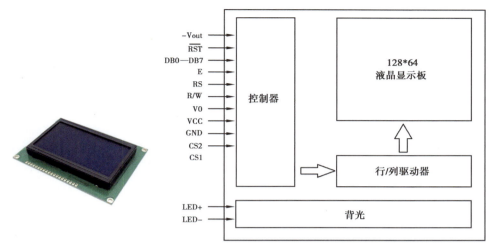

图 7-2-2　LCD12864 的结构

表 7-2-1　LCD12864 的引脚名称和功能

引　脚	引脚名称	电　平	功　能
1	CS1	H/L	H：选择芯片 1 的输入信号（KS0108B-1 选通信号）
2	CS2	H/L	H：选择芯片 2 的输入信号（KS0108B-2 选通信号）
3	GND	0V	电源地
4	VCC	5V	供电电源正输入端
5	Vo	—	液晶显示器驱动电压输入（调节对比度）
6	RS	H/L	RS＝"H"，表示 DB7—DB0 为显示数据 RS＝"L"，表示 DB7—DB0 为指令数据
7	R/W	H/L	R/W＝"H"，E＝"H"，数据被读到 DB7—DB0，R/W＝"L"，E＝"H"→"L"，DB7—DB0 数据被写到 IR 或 DR
8	E	H/L	R/W＝"L"，E 信号下降沿锁存 DB7—DB0 R/W＝"H"，E＝"H" DRAM 数据读到 DB7—DB0
9—16	DB0—DB7	H/L	8 位双向数据总线
17	RST	H/L	复位输入信号，低电平复位
18	−Vout	−10V	LCD 对比度调节和驱动负电压输出
19	LED+	+5V	LED 背光正极输入
20	LED+	—	LED 背光负极输入

二、LCD12864 指令系统

　　LCD12864 图形显示器使用 7 种指令与单片机等主控制器进行通信，7 种指令的详细格式和参数见表 7-2-2。

表 7-2-2　LCD12864 的指令集

指　令	指令码										功　能
	R/W	RS	D7	D6	D5	D4	D3	D2	D1	D0	
显示器开 / 关	0	0	0	0	1	1	1	1	1	1/0	显示器的开或关控制 1：显示器开；0：显示器关
设置显示起始行	0	0	1	1	6 位长度的显示起始行 （0 ~ 63）						指定显示屏从 DDRAM 中哪一行开始显示数据
设 x 地址	0	0	1	0	1	1	1	x: 0 ~ 7			设置 DDRAM 中的页地址 （x 地址）
设 y 地址	0	0	0	1	y 地址（0 ~ 63）						设置页内偏移地址（y 地址）
读状态	1	0	B	0	n/f	R	0	0	0	0	R = 1 复位；R = 0 正常 n/f=1 显示开；n/f=1 显示关 B=1 内部忙；B = 0 内部空闲
写数据	0	1	显示数据								将数据线上的数据 DB7—DB0 写入 DDRAM
读数据	1	1	显示数据								将 DDRAM 中的数据读到数据线 DB7—DB0 上

　　51 单片机在执行指令"设 y 地址"时，将新的 6 位 y 地址写到 y 地址计数器中。当单片机对 DDRAM 中的数据进行读或写操作（读 / 写数据）时，y 地址计数器会加 1，指向下一个地址。

　　三、LCD12864 控制寄存器

　　在表 7-2-2 中所谓的页地址就是 DDRAM 的行地址，8 行为一页，LCM12864 共 64 行，即 8 页，可以用 3 位二进制数 A2—A0 来选择 0—7 页。读 / 写数据对页地址没有影响，页地址为当前指令指定的位置或复位后位于第 0 页的地址。页地址与 DDRAM 的对应关系见表 7-2-3。

表 7-2-3　LCD12864 的 DDRAM 与 x、y 地址对照表

	CS1=1					CS2=1					
y=	0	1	…	62	63	0	1	…	62	63	行号
x=0	DB0↓DB7	DB0↓DB7	DB0↓DB7	DB0↓DB7	DB0↓DB7	DB0↓DB7	DB0↓DB7	DB0↓DB7	DB0↓DB7	DB0↓DB7	0↓7
↓	DB0↓DB7	DB0↓DB7	DB0↓DB7	DB0↓DB7	DB0↓DB7	DB0↓DB7	DB0↓DB7	DB0↓DB7	DB0↓DB7	DB0↓DB7	8↓55
x=7	DB0↓DB7	DB0↓DB7	DB0↓DB7	DB0↓DB7	DB0↓DB7	DB0↓DB7	DB0↓DB7	DB0↓DB7	DB0↓DB7	DB0↓DB7	56↓63

　　四、LCD12864 读写操作时序

　　LCD12864 读操作时序如图 7-2-3 所示，读操作过程为：E 端先为 0，R/W 端为 1，RS

端根据读状态或读数据，分别置 0 或 1，CS1、CS2 根据选择情况为 0 或 1，E 端变为 1，单片机读取数据 DB0—DB7，然后在 E 端产生 0，LCD12864 输出数据无效。

　　LCD12864 写操作时序如图 7-2-4 所示，写操作过程为：E 端先为 0，R/W 端为 0，RS 端根据写指令或写数据，分别置 0 或 1，CS1、CS2 根据选择情况为 0 或 1，E 端变为 1，单片机准备好数据 DB0—DB7，然后在 E 端产生下降沿，LCD12864 锁定数据。

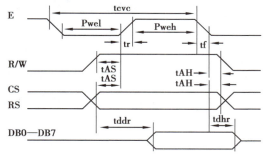

图 7-2-3　LCD12864 读操作时序

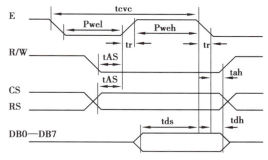

图 7-2-4　LCD12864 写操作时序

五、LCD12864 显示原理

　　根据表 7-2-3，向显示数据 RAM 某单元写入一个字节数据，将在显示屏对应位置显示纵向 8 个像素点的图像。

　　由于本书中 LCD12864 不带字库，必须使用取模软件获取要显示的汉字、英文字符、数字的数据编码，并将这些数据编码存放在单片机的程序存储器中，程序将这些数据写入 LCD12864 的显示数据 RAM 中进行显示。

　　在使用字模提取 V2.2 时，在"文字输入区"输入相应的汉字、英文字符、数字，如图 7-2-5 所示；在"参数设置 / 其他选项"中选中"纵向取模""字节倒序"，如图 7-2-6 所示，确定后，在"取模方式"中选择"C51 格式"，软件将自动生成字模数据，如图 7-2-7 所示，将字模数据复制到程序中即可。

图 7-2-5　输入字符

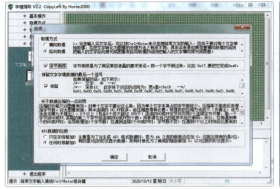

图 7-2-6　设置取模方式　　　　　图 7-2-7　取模完成

任务实施

一、任务分析

根据电路分析可知：单片机的 P0 端口作为 LCD12864 的数据端口，LCD12864 控制端口分别连单片机的 P2.0—P2.5 这 6 个端口。

LCD12864 驱动函数如下：

- 判忙函数 void busy（）

该函数用于读取 LCD12864 的状态，"忙"就继续读取状态，"闲"就执行后面的命令。

- 写命令函数 void Write_cmd（）

该函数用于向 LCD12864 发送命令。

- 写数据函数 void Write_data（）

该函数用于向 LCD1602 写入显示数据。

- 写 x 坐标函数 void LCD_x（）

该函数用于设定要显示字符的 x 坐标（页地址）。

- 写 y 坐标函数 void LCD_y（）

该函数用于设定要显示字符的 y 坐标（列地址）。

- 写 xy 坐标函数 void LCD_xy（）

该函数用于设定要显示字符的具体位置。

- 清除显示屏函数 void clrscr（）

该函数用于清除 LCD12864 液晶屏。

- 初始化程序 void LCD12864_init（）

该函数用于初始化 LCD12864。

- 写汉字函数 vodi Write_han（）

该函数用于显示一个 16*16 汉字 。

- 写 ASCII 函数 void Write_ascii（）

该函数用于显示一个 8*16 的英文字母或数字等。

二、程序设计

程序执行流程图如图 7-2-8 所示。

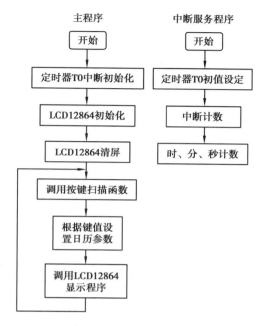

图 7-2-8　程序流程图

参考程序：

```c
#include<reg52.h>
#define uint unsigned int
#define uchar unsigned char
#define out0 P0        //LCD12864 数据端口
#define keynn P1
uchar k，keyz；
uchar a，shi，fen，miao，n1，n2，n3，n4，yue，ri，xq；
/*LCD12864 控制端口 */
sbit RST=P2^0；
sbit EN=P2^1；
sbit RW=P2^2；
sbit RS=P2^3；
sbit CS2=P2^4；
sbit CS1=P2^5；
sbit BF=P0^7；

/* 数字字模 " 0 1 2 3 4 5 6 7 8 9 — "*/
unsigned char code shuzi ［］［16］={
/*—— 数字：0——*/
/*—— 宋体 12；此字体下对应的点阵为：宽 * 高 =8*16——*/
0x00，0xE0，0x10，0x08，0x08，0x10，0xE0，0x00，0x00，0x0F，0x10，0x20，
```

```
0x20，0x10，0x0F，0x00，

    /*—— 数字：1——*/
    /*—— 宋体 12；此字体下对应的点阵为：宽 * 高 =8*16——*/
    0x00，0x10，0x10，0xF8，0x00，0x00，0x00，0x00，0x00，0x20，0x20，0x3F，
0x20，0x20，0x00，0x00，

    ……
    };
    /* 汉字字模 "一二三四五六日历年月星期" */
    unsigned char code hanzi ［ ］ ［ 32 ］ ={
    /*—— 文字：一 ——*/
    /*—— 宋体 12；此字体下对应的点阵为：宽 * 高 =16*16——*/
    0x80，0x80，0x80，0x80，0x80，0x80，0x80，0x80，0x80，0x80，0x80，0x80，
0x80，0x80，0x80，0x00，
    0x00，0x00，0x00，0x00，0x00，0x00，0x00，0x00，0x00，0x00，0x00，0x00，
0x00，0x00，0x00，0x00，

    /*—— 文字：二 ——*/
    /*—— 宋体 12；此字体下对应的点阵为：宽 * 高 =16*16——*/
    0x00，0x00，0x08，0x08，0x08，0x08，0x08，0x08，0x08，0x08，0x08，0x08，
0x08，0x00，0x00，0x00，
    0x10，0x10，0x10，0x10，0x10，0x10，0x10，0x10，0x10，0x10，0x10，0x10，
0x10，0x10，0x10，0x00，

    ……
    };
    /* 延时函数 */
    void delayms（uint x）
    {
        uchar i;
        while（x--）;
        for（i=0；i<123；i++）;
    }
    /* 判忙函数 */
    void busy（）
    {
        EN=1;
        RS=0;
        RW=1;
        out0=0xff;
```

```
    while（!BF）;
}
/* 写数据函数 */
void Write_date（uchar date）
{
    busy（）;
    EN=1;
    RS=1;
    RW=0;
    out0=date;
    EN= 0;
}
/* 写指令函数 */
void Write_cmd（uchar cmd）
{
    busy（）;
    EN=1;
    RW=0;
    RS=0;
    out0=cmd;
    EN= 0;
}
/* 写坐标 x 函数 */
void LCD_x（uchar x）
{
    Write_cmd（0xb8|x）;
}
/* 写坐标 y 函数 */
void LCD_y（uchar y）
{
    Write_cmd（0x40|y）;
}
/* 写坐标 xy 函数 */
void LCD_xy（uchar x，uchar y）
{
    if（y<64）
    {
        CS1=0;  CS2=1;
```

```c
        LCD_y（y）；
    }
    else
    {
        CS1=1；CS2=0；
        LCD_y（y-64）；
    }
    LCD_x（x）；
}
/* 清屏函数 */
void clrscr（）
{
    uchar j，k；
    CS1=0；CS2=0；
    for（j=0；j<8；j++）
    {
        LCD_y（0）；
        LCD_x（j）；
        for（k=0；k<64；k++）
        {
            Write_date（0x00）；
        }
    }
    CS1=CS2=1；
}
/*12864 初始化函数 */
void LCD12864_chushi（）
{
    RST=0；
    delayms（15）；
    RST=1；
    CS1=CS2=1；
    Write_cmd（0x3e）；
    Write_cmd（0xb8）；
    Write_cmd（0x40）；
    Write_cmd（0xc0）；
    Write_cmd（0x3f）；
    CS1=CS2=0；
}
```

```c
/* 写汉字函数 */
void Write_han ( uchar x, y, z, uchar *p )
{
    uint n=0;
    uchar j, k;
    for ( j=x; j<x+2; j++ )
    {
        for ( k=y; k<y+16; k++ )
        {
            LCD_xy ( j, k );
            if ( z==0 )
            Write_date ( p [ n++ ] );
            else
                Write_date ( ~p [ n++ ] );
        }
    }
    CS1=CS2=0;
}
/* 写 ASCII 函数 */
void Write_ascii ( uchar x, y, z, uchar *p )
{
    uint n=0;
    uchar j, k;
    for ( j=x; j<x+2; j++ )
    {
        for ( k=y; k<y+8; k++ )
        {
            LCD_xy ( j, k );
            if ( z==0 )
            Write_date ( p [ n++ ] );
            else
                Write_date ( ~p [ n++ ] );
        }
    }
    CS1=CS2=0;
}
/* 显示界面 */
void LCDdisplay ( )
{
```

```
/* 日 历 */
Write_han（0，40，0，hanzi［6］）；Write_han（0，72，0，hanzi［7］）；
/*xxxx 年 xx 月 xx 日 */
Write_ascii（2，8，0，shuzi［n1/7］）；Write_ascii（2，16，0，shuzi［n1%7］）；
Write_ascii（2，24，0，shuzi［n2/7］）；Write_ascii（2，32，0，shuzi［n2%7］）；
Write_han（2，40，0，hanzi［8］）；Write_ascii（2，56，0，shuzi［yue/10］）；
Write_ascii（2，64，0，shuzi［yue%10］）；Write_han（2，72，0，hanzi［9］）；
Write_ascii（2，88，0，shuzi［ri/10］）；Write_ascii（2，96，0，shuzi［ri%10］）；
Write_han（2，104，0，hanzi［6］）；
/*xx-xx-xx*/
Write_ascii（4，32，0，shuzi［shi/10］）；Write_ascii（4，40，0，shuzi［shi%10］）；
Write_ascii（4，48，0，shuzi［10］）；Write_ascii（4，56，0，shuzi［fen/10］）；
Write_ascii（4，64，0，shuzi［fen%10］）；Write_ascii（4，72，0，shuzi［10］）；
Write_ascii（4，80，0，shuzi［miao/10］）；Write_ascii（4，88，0，shuzi［miao%10］）；
/* 星期 x*/
Write_han（6，40，0，hanzi［10］）；Write_han（6，56，0，hanzi［11］）；
Write_han（6，72，0，hanzi［xq］）；
}
/* 按键扫描函数 */
unsigned char KeyScan（void）
{
    unsigned char keynum；
    if（keynn!=0xff）
    {
        delayms（20）；
        if（keynn!=0xff）
                {keynum=keynn；
                while（keynn!=0xff）；
                switch（keynum）
                {case 0xfe：return 1；break；
                case 0xfd：return 2；break；
                case 0xfb：return 3；break；
                case 0xf7：return 4；break；
                case 0xef：return 5；break；
                case 0xdf：return 6；break；
                case 0xbf：return 7；break；
                default：return 0；break；}}
    }
```

```
    return 0;
}
void main ( )
{
    TMOD=0X01;
    TH0= (65536-50000) /256;
    TL0= (65536-50000) %256;
    EA=1; ET0=1; TR0=1;
    LCD12864_chushi ( ) ;
    clrscr ( ) ;
    while (1)
    {
        k=KeyScan ( ) ;
        switch (k)
        {
            case 1: n1++; if (n1>=100) n1=0; break;
            case 2: n2++; if (n2>=100) n2=0; break;
            case 3: yue++; if (yue>=13) yue=0; break;
            case 4: ri++; if (ri>=31) ri=0; break;
            case 5: shi++; if (shi>=24) shi=0; break;
            case 6: fen++; if (fen>=60) fen=0; break;
            case 7: xq++; if (xq>=8) xq=0; break;
        }
    LCDdisplay ( ) ;
    }
}
void time0 ( ) interrupt 1
{
    TH0= (65536-50000) /256;
    TL0= (65536-50000) %256;
    a++;
    if (a==20)
    {
        a=0;
        miao++;
        if (miao==60)
        {
            miao=0;
            fen++;
```

```
    if（fen==60）
    {
        fen=0；
        shi++；
        if（shi==24）
        {shi=0；ri++；if（ri>=30）yue++；}}}}
}
```

三、电路仿真

1. 绘制电路图

打开 Proteus 软件，新建"电子日历制作与实现"文件，在工作面放置单片机、液晶12864、排阻等元件，所需元件见表 7-2-4。完成后的电路图如图 7-2-9 所示。

表 7-2-4　元件清单

元件名称	库名称	元件名称	库名称
单片机	AT89C51	排阻	RESPACK-8
液晶 12864	AMPIRE 128*64	按键	BUTTON

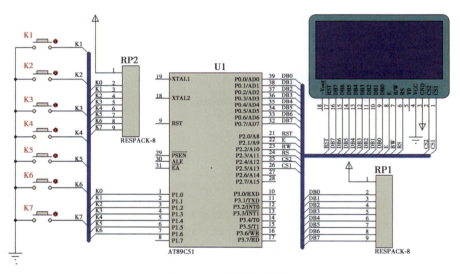

图 7-2-9　绘制电路图

2. 编写程序

打开 Keil 软件，新建"电子日历制作"工程文件，新建"LCD12864.c"文件，编写LCD12864 液晶显示程序并生成 hex 文件。部分程序如图 7-2-10 所示。

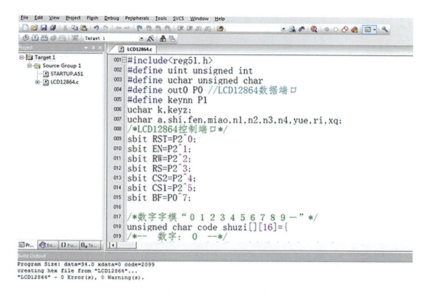

图 7-2-10 编写程序

3. 电路仿真

双击单片机，加载已生成的"LCD12864.hex"文件，单击"仿真"按钮进行程序仿真。仿真结果如图 7-2-11 所示。

仿真结果显示：12864 显示模块显示日历，显示内容包括年、月、日、小时、分钟、秒及星期等信息，同时也会发现单片机、液晶 12864、排阻相关端口的高低电平的变化规律。

仿真视频

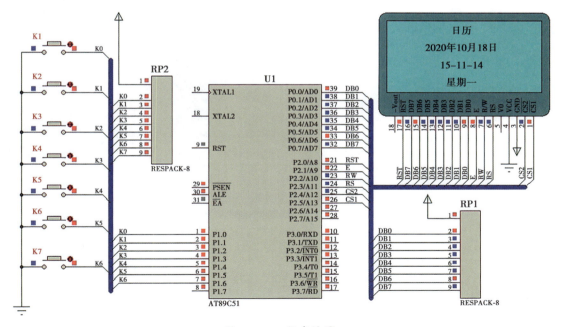

图 7-2-11 仿真结果

学习评价与总结 🖉

一、学习评价

评价内容		自 评	小组评价	教师评价
		优☆ 良△ 中√ 差 ×		
知识与技能	① 能完成 LCD12864 初始化			
	② 能使用指针			
	③ 能描述 LCD12864 的显示原理			
	④ 能编写电子日历的 C 程序			
	⑤ 能调试仿真电子日历的程序电路			
职业素养	① 具有安全用电意识			
	② 安全操作设备			
	③ 笔记记录完整准确			
	④ 符合"6S"管理理念			
综合评价				

二、学习总结

（1）你的收获有哪些？

（2）你还有哪些知识没有掌握好。

任务拓展 🖉

LCD12864 除了可以显示汉字、数字字符外，还可以显示图形、图画。要求 LCD12864 上显示一个小球，以一定的速度往返 4 次，完成程序设计及仿真，电路图如图 7-2-12 所示。

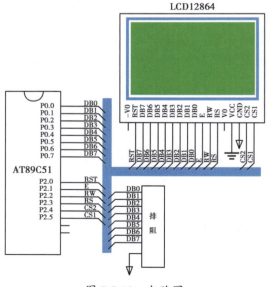

图 7-2-12 电路图

任务检测

一、填空题

1. LCD12864 指令集中，读状态标志 BF = 1 时，表示显示屏内部处于＿＿＿＿状态。

2. LCD12864 图形点阵可以显示 16*16 点阵汉字共＿＿＿＿个。

3. LCD12864 指令集中，设 x 地址共可以设＿＿＿＿个不同的地址，设 y 地址共可以设＿＿＿＿个不同的地址。

4. 控制 LCD12864 显示模块的读写标志是＿＿＿＿引脚。

5. 程序 int a［7］={12，24，36，48，60，72，84}；int *xt；xt=a；++xt，执行一次上述程序语句后，*xt 的值为＿＿＿＿。

二、判断题

1. LCD12864 显示模块的 17 脚 RST 为复位输入信号，高电平复位有效。　　　（　　）

2. "&" 是一元运算符，其功能是返回存储操作数的地址。　　　（　　）

3. "*" 是一元运算符，其功能是返回存储操作数的地址。　　　（　　）

4. 指针所指向的变量的类型与赋值语句等号另一边的变量的类型可以不一致。

（　　）

三、综合题

绘制电子日历的程序流程图。

小故事

项目八
单片机控制温度传感器

项目描述

　　电子体温计在新冠疫情期间用于测量人体体温发挥了非常重要的作用，克服了传统体温计测量速度慢的弊端。本项目主要学习通过单片机控制电子体温计，共分为两个任务：任务一控制模拟温度传感器 LM35；任务二制作电子体温计。通过以上任务的学习，让学生理解单片机的控制模拟温度传感器 LM35 和 18B20 的工作原理、数字温度计的计算原理、ADC0808 的工作原理等。

任务一　控制模拟温度传感器 LM35

任务目标 🖊

　　◎知识目标：能描述 ADC0808 模数转换器的工作原理；
　　　　　　　　能描述模拟温度传感器 LM35 的工作原理；
　　　　　　　　能描述数字温度计的计算原理。
　　◎技能目标：能编写模拟温度传感器 LM35 的 C 语言程序；
　　　　　　　　能调试模拟温度传感器 LM35 的仿真电路；
　　　　　　　　能利用 Proteus 软件仿真。
　　◎素养目标：使学生获得解决问题的成就感；
　　　　　　　　培养学生树立科技创新的精神。

任务描述 🖊

　　利用模拟温度传感器 LM35 检测外界环境温度，检测结果经 LM358 放大后，送到 ADC0808 中进行模数转换，转换结果送给单片机 AT89C51，通过单片机控制 1602 显示模块将温度显示在显示屏上。电路原理图如图 8-1-1 所示。

知识链接 🖊

　　一、ADC0808 的工作原理

　　常用的 ADC 按工作原理可分为两种：逐次逼近型和双积分型。逐次逼近型 ADC 的转换速率较高，而且具有较高的分辨率，在信号测量领域广泛使用；双积分型 ADC 的转换速率低，但是精度比较高，对周期性变化的干扰信号积分为零，具有很强的抗干扰能力，价格比较低，在仪表中广泛使用。

　　ADC0808 是以逐次逼近原理进行模/数转换的器件。典型转换时间为 100 μs；具有三态输出锁存器，可以直接和单片机的数据总线连接；输入输出与 TTL 兼容；具有 8 路模拟开关，可直接连接 8 个模拟量，并用程序控制选择一个模拟量进行 A/D 转换。ADC0808 的内部结构、引脚排列和名称如图 8-1-2 所示。

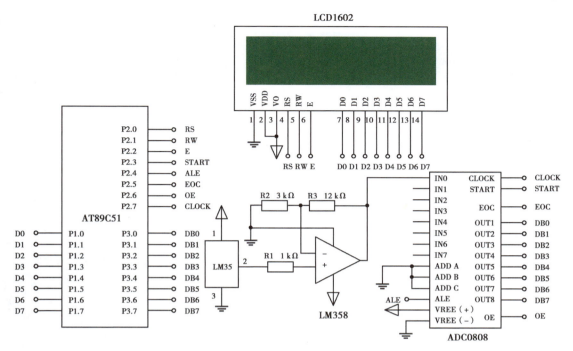

图 8-1-1　电路原理图

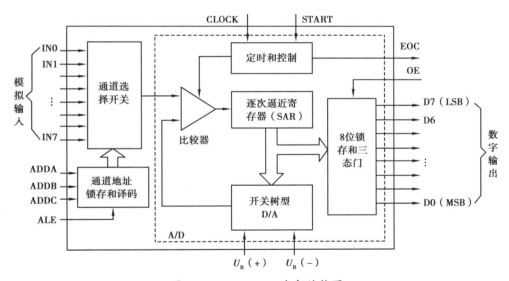

图 8-1-2　ADC0808 内部结构图

ADC0808 采用双列直插式（DIP）封装，具有 28 条引脚，各引脚功能如下：

● IN0—IN7：8 路模拟量输入端，通过 3 根地址译码线 ADDA、ADDB、ADDC 来选通一路。

● D0—D7：A/D 转换后的数据输出端，为三态可控输出，故可直接和微处理器数据线连接。8 位排列顺序是 D7 为最低位，D0 为最高位。

ADDA、ADDB、ADDC：模拟输入通道地址选择线。模拟通道选择地址信号，ADDA 为低位，ADDC 为高位。地址信号与选中通道的对应关系见表 8-1-1。

表 8-1-1   地址信号与选中通道的关系

地　　址			通　道
ADDC	ADDB	ADDA	
0	0	0	IN0
0	0	1	IN1
0	1	0	IN0
0	1	1	IN3
1	0	0	IN4
1	0	1	IN5
1	1	0	IN6
1	1	1	IN7

●ALE：地址锁存允许信号，高电平有效。当此信号有效时，A、B、C 3 位地址信号被锁存，译码选通对应模拟通道。在使用时，该信号常和 START 信号连在一起，以便同时锁存通道地址和启动 A/D 转换。

●START：A/D 转换启动信号，正脉冲有效。加于该端的脉冲的上升沿使逐次逼近寄存器清零，下降沿开始 A/D 转换。如正在进行转换时又接到新的启动脉冲，则原来的转换进程被中止，重新从头开始转换。

●EOC：转换结束信号，高电平有效。该信号在 A/D 转换过程中为低电平，其余时间为高电平。该信号可作为被 CPU 查询的状态信号，也可作为对 CPU 的中断请求信号。在需要对某个模拟量不断采样、转换的情况下，EOC 也可作为启动信号反馈接到 START 端，但在刚加电时需由外电路第一次启动。

●OE：输出允许信号，高电平有效。当微处理器送出该信号时，ADC0808 的输出三态门被打开，使转换结果通过数据总线被读走。在中断工作方式下，该信号往往是 CPU 发出的中断请求响应信号。

●CLOCK：时钟输入信号。要求频率范围为 10 ~ 1 280 kHz，典型值为 640 kHz。

●U_R（+）和 U_R（-）：正、负参考电压输入端，用于提供片内 DAC 电阻网络的基准电压。在单极性输入时，U_R（+）=5 V，U_R（-）=0 V；双极性输入时，U_R（+）、U_R（-）分别接正、负极性的参考电压。

●VCC：+5 V 电源线。

●GND：接地端。

二、LM35 的工作原理

LM35 是由 National Semiconductor 所生产的模拟温度传感器，其输出电压与摄氏温标呈线性关系，即 0 ℃时输出电压为 0 V，每升高 1 ℃，输出电压增加 10 mV，这使得 A/D 转换后的"电压—温度"换算非常简单。在常温下，LM35 不需要额外的校准处理即可达到 ±0.25 ℃的线性度和 0.5 ℃的精度。其电源供应模式有单电源与正负双电源两种，其接脚如图 8-1-3 所示，双电源供电可以测量负温度，测量范围是 -55 ~ 110 ℃；单电源模式在 25 ℃下电流约为 50 mA，工作电压较宽，可在 4 ~ 20 V 的供电电压范围内正常工作，非常省电。温度与电压的转换公式为：

$$U_0 = 10\ \text{mV/℃} \times T$$

其中：T 表示当前测试温度，U_0 表示 LM35 输出电压值。

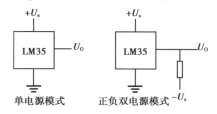

图 8-1-3　LM35 的接脚

三、LM358 放大器

LM358 内部包括两个独立的、高增益、内部频率补偿的双运算放大器，适合于电源电压范围很宽的单电源供电，也适用于双电源工作模式。它的使用范围包括传感放大器、直流增益模组、音频放大器、工业控制、DC 增益部件和其他所有可用单电源供电的使用运算放大器的场合。

LM358 放大器在本项目中的应用是放大 LM35 温度传感器的输出电压，因 LM35 传感器的输出电压较低，如果直接进行模数转换，其转换后分辨率不高，效果较差，所以在 LM35 的输出端加上 LM358 构成的同相比例运算放大电路，将电压放大 5 倍后再送到 ADC0808 转换电路的模拟信号输入端 IN0 端口，进行模数转换。其电路连接如图 8-1-4 所示。

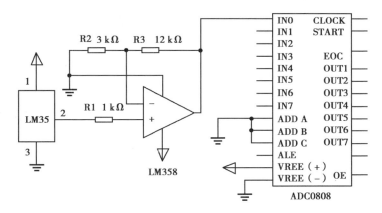

图 8-1-4　LM358 放大器

图 8-1-4 中，同相比例运算放大电路的电压放大倍数的计算公式为：

$$A_{\text{uf}} = 1 + \frac{R_3}{R_2} = 1 + \frac{12\ \text{k}\Omega}{12\ \text{k}\Omega} = 5$$

四、数字温度计的计算原理

假设当前温度为 T ℃，LM35 输出电压为 U_0，U_0 经过运算放大电路放大 5 倍后变为 $5U_0$，该信号输入到 ADC0808 的 IN0，经过 A/D 转换后输出数字量为 x。

由于数字量 x 与 ADC0808 的输入电压值 U 的关系为：$U/5\ \text{V} = x/255$，即 $U = x/51$。而 $U = 5U_0$，$U_0 = 0.01 \times T$，则：$0.05T = x/51$。因此温度 T 与数字量 x 的关系为：

$$T = 20x/51$$

根据上式就可以计算出被测物的温度。

任务实施 🖋

一、任务分析

因为 LM35 的输出电压是毫伏级，而 ADC0808 的输入电压范围为 0 ~ 5 V，虽然在 ADC0808 的电压允许范围内，但电压信号较弱，直接进行模数转换会导致数字量太小、精度低等问题，因此需要经过放大后再输入到 ADC0808 进行转换。LM35 的输出电压范围为 0 ~ 0.8 V，放大 5 倍后，输出电压为 0 ~ 4 V，在 ADC0808 的输入电压范围 0 ~ 5 V 内，LM35 温度传感器的测温范围为 0 ~ 80 ℃，完全可以满足日常生活的需要，所以设计放大倍数为 5 倍。

二、程序设计

程序执行流程图如图 8-1-5 所示。

参考程序：

```c
#include<reg51.h>
#include<math.h>
#include<stdio.h>
#define uchar unsigned char
#define uint unsigned int
#define DATA_PORT P1            // 定义宏变量 DTAT_POTR 来存放 P1 端口的数据
unsigned char temp [10] ={'0', '0', '.', '0', 'C'};    // 定义字符数组 temp 来装温度
unsigned char array [16] ="temperature："；              // 定义字符数组 array 来装字符串
unsigned int frt, scn;
sbit RS = P2^0;
sbit LCDRW = P2^1;
sbit EN = P2^2;
sbit START = P2^3;
sbit ALE = P2^4;
sbit EOC = P2^5;
sbit OE = P2^6;
sbit clk = P2^7;
void delay_ms (int t)                // 延时函数
{
  int j;
  for (; t!=0; t--)
    for (j=0; j<50; j++);
}
void conv_start (void)            //ADC 模数转换函数
{
  ALE = 1;
  START = 1;
```

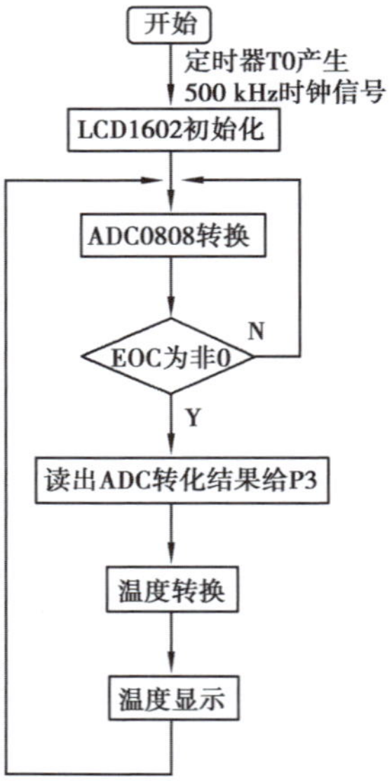

图 8-1-5　程序流程图

```
        delay_ms（1）;
        ALE = 0;
        START = 0;
    }
    int read_data（void）                    // 读出 ADC 转换的结果函数
    {
        uchar i=0;
        OE = 1;
        conv_start（ ）;
        while（!EOC）;
        i = P3;
        OE = 0;
        return i;
    }
    void init_interrupt（ ）                 // 定时器初始化函数
    {
        TMOD = 0x02;
        TH0 = 0xfb;
        TL0 = 0xfb;
        EA = 1;
        ET0 = 1;
        TR0 = 1;
    }
    void timer_T0（void） interrupt 1        // 定时器中断函数（产生 500 kHz 的时钟信号）
    {
        clk = ~ clk;
    }
    void write_cmd（uchar com）              // 向 1602 模块写指令函数
    {
     RS = 0;
     LCDRW = 0;
     DATA_PORT = com;
     delay_ms（5）;
     EN = 1;
     delay_ms（5）;
     EN = 0;
    }
```

```c
void write_data（uchar dat）          // 向 1602 模块写数据函数
{
 RS = 1;
 LCDRW = 0;
 DATA_PORT = dat;
 delay_ms（5）;
 EN = 1;
 delay_ms（5）;
 EN = 0;
}
void convers_temp （void）            // 数字信号转温度函数并显示到 1602 模块上
{
    int res = 0;
    int vol = 0.0;
    res = read_data（）;              // 将读出的数据放入变量 res 中
    vol = 200/51*res;                // 放大 10 倍后进行电压到温度的转换（46 度 ×10 =
460 度）
    temp［0］= vol/100+48;            // 取放大之后的百位数值
    temp［1］= vol%100/10+48;         // 取放大之后的十位数值
    temp［3］= vol%10+48;             // 取放大之后的个位数值
    write_cmd（0x80）;               // 写 LCD 的第一行的第一个字符存放地址
    for（frt=0; frt<16; frt++）
    write_data（array［frt］）;       // 写字符数组 "temperature"
    write_cmd（0xC6）;               // 写 LCD 的第二行的第六个字符存放地址
    for（scn=0; scn<10; scn++）
    write_data（temp［scn］）;        // 写温度值
}
void lcd_init （void）                //LCD 初始化函数
{
 delay_ms（5）;                      // 延时 10 ms
 write_cmd（0x38）;                 // 连续执行 3 次，等待 LCM 上电自复位结束
 delay_ms（2）;
 write_cmd（0x38）;
 delay_ms（2）;
 write_cmd（0x38）;                 // 功能设定，接口 DB 宽度 8 位，2 行显示
 delay_ms（2）;
 write_cmd（0x08）;                 // 显示关闭
```

```
delay_ms（2）;
write_cmd（0x01）;          // 清屏
delay_ms（2）;
write_cmd（0x06）;          // 进入模式设定
delay_ms（2）;
write_cmd（0x0c）;          // 显示开关控制
}
void main（）
{
  init_interrupt（）;
  RS = 0;
  LCDRW = 0;
  EN = 0;
  lcd_init（）;
  while（1）
  {
    convers_temp（）;
  }
}
```

三、电路仿真

1. 绘制电路图

启动 Proteus 软件，创建"LM35"文件，放置元器件，所需元件见表 8-1-2。把所需元器件放置完后，连接电路，完成后的电路图如图 8-1-6 所示。

2. 编写程序

打开 Keil 软件，新建"LM35ADC0808"工程文件，新建"LM35adc0808.c"文件，编写程序，并生成 LM35adc0808.hex 文件。编写完成后的部分程序如图 8-1-7 所示。

表 8-1-2　元件清单

元件名称	库名称	元件名称	库名称
单片机	AT89C51	12 kΩ 电阻	MINRES12K
液晶	LM016L	模拟温度传感器	LM35
1 kΩ 电阻	MINRES1K	集成运算放大器	LM358N
3 kΩ 电阻	MINRES3K	数模转换器	ADC0808

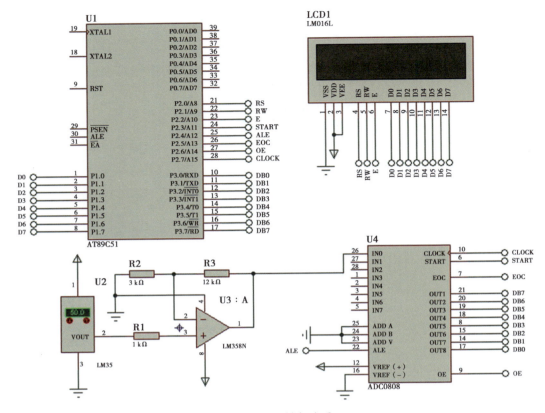

图 8-1-6　绘制电路图

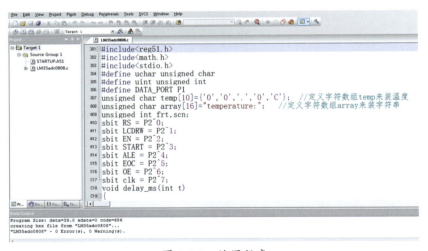

图 8-1-7　编写程序

3. 电路仿真

双击"AT89C51"元件，打开"编辑元件"对话框，可以直接在"Clock Frequency"后进行频率设定，设定单片机的时钟频率为 12 MHz。在"Program File"栏中选择已经生成的"LM35adc0808.hex"文件，导入单片机中，然后单击"确定"按钮保存，单击"仿真"按钮进行单片机的仿真，仿真结果如图 8-1-8 所示。

仿真视频

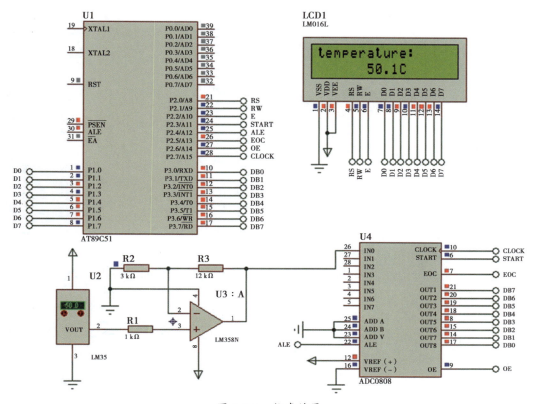

图 8-1-8　仿真结果

　　仿真结果显示：当 LM35 模拟温度传感器的温度调到 50.0 ℃时，1602 显示模块将在第一行显示"temperature："，第二行第七个字符处开始显示 50.1 ℃，基本达到设计要求。

学习评估与总结

一、学习评估

评价内容		自　评	小组评价	教师评价
		优☆　良△　中√　差×		
知识与技能	① 能使用 ADC0808 转换指令			
	② 能描述温度转换原理			
	③ 能计算电压放大倍数			
	④ 能编写控制模拟温度传感器的 C 程序			
	⑤ 能调试仿真控制模拟温度传感器的程序电路			
职业素养	① 具有安全用电意识			
	② 安全操作设备			
	③ 笔记记录完整准确			
	④ 符合"6S"管理理念			
综合评价				

二、学习总结

（1）你的收获有哪些？

（2）你还有哪些知识没有掌握好？

任务拓展 🖉

为了节省单片机的硬件端口资源，利用锁存器 74HC573 来对 P0 端口的数据进行锁存，达到 P0 端口分时复用的目的，试设计电路图，编写程序，并完成电路程序的调试与仿真。

任务检测 🖉

一、填空题

1. ADC0808 是 CMOS 工艺，采用_____法的 8 位 ADC。

2. ADC0808 的模拟通道选择地址信号，_____为低位，_____为高位。

3. ADC0808 的 A/D 转换后的数据输出端，_____为低位，_____为高位。

4. ADC0808 的引脚 OE（输出允许信号），_____电平有效。

5. LM35 模拟温度传感器在 0 ℃时输出电压为 0 V，每升高 1 ℃，输出电压增加_____。

二、判断题

1. 在图 8-1-4 中，电阻 R1 在电路中没有起任何作用，可以去掉。　　　　　（　　）

2. LM35 在进行温度转换后，不应该进行电压信号放大，而是直接送到 ADC0808 中进行模数转换，不会影响显示结果。　　　　　（　　）

3. ADC0808 的 8 路模拟量输入端（IN0—IN7）是通过 3 根地址译码线 ADDA、ADDB、ADDC 来选通其中一路。　　　　　（　　）

4. ADC0808 的引脚 START 是 A/D 转换启动信号，脉冲上升沿有效。　　　　　（　　）

5. ADC0808 的引脚 EOC 是转换结束信号，低电平有效。　　　　　（　　）

6. ADC0808 的引脚 CLOCK 是时钟输入信号，要求频率范围为 10 ～ 1 280 kHz，典型值为 640 kHz。　　　　　（　　）

7. LM35 温度传感器用双电源供电可以测量负温度，测量范围是 –55 ～ 110 ℃。

　　　　　（　　）

8. 在常温下，LM35 不需要额外的校准处理即可达到 ± 0.5 ℃的线性度和 0.25 ℃的精度。

　　　　　（　　）

9. LM358 适合电源电压范围很宽的单电源供电，不能采用双电源供电。　　　　　（　　）

三、综合题

试用 4 位 7 段数码管来显示最终温度值，如图 8-1-9 所示。请编写程序来实现该控制电路。

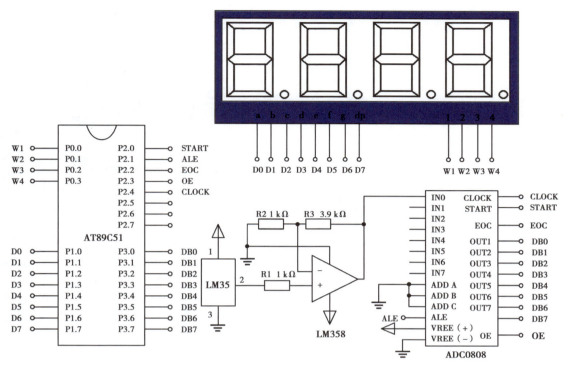

图 8-1-9 电路图

任务二 制作电子体温计

任务目标 🖉

◎知识目标：能描述 DS18B20 的工作原理；

能描述 DS18B20 的读数据原理；

能识读 DS18B20 的驱动程序。

◎技能目标：能编写电子体温计的 C 语言程序；

能利用 Proteus 软件仿真和单片机开发板调试程序。

◎素养目标：体会温度传感器在实际生活中的应用；

培养学生精益求精的工作态度。

任务描述 🖉

利用 18B20 制作一个电子体温计，要求能够测量人体温度，并在 4 位共阳数码管上显示出来。电路原理图如图 8-2-1 所示。

知识链接 🖉

一、DS18B20 的结构

DS18B20 是美国 DALLAS 半导体公司生产的单总线数字温度传感器，如图 8-2-2 所示，它可以实现数字化输出和测试，并且有控制功能强、传输距离远、抗干扰能力强、接口方便、微功耗等优点，因而被广泛应用在工业、农业、军事等领域的控制仪器、测控系统中。

DS18B20 的内部有 64 位的 ROM 单元和 9 字节的暂存器单元。64 位 ROM 包含了 DS18B20 唯一的序列号（唯一的名字），DS18B20 内部结构如图 8-2-3 所示。

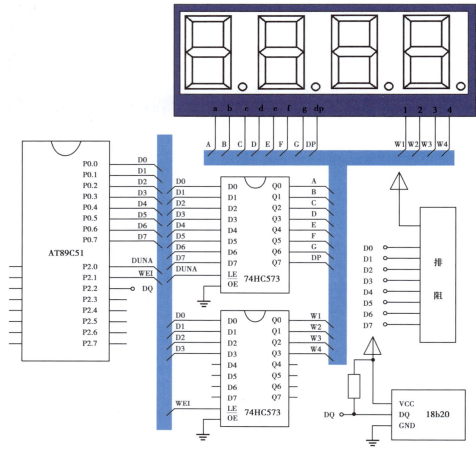

图 8-2-1　电子体温计电路原理图

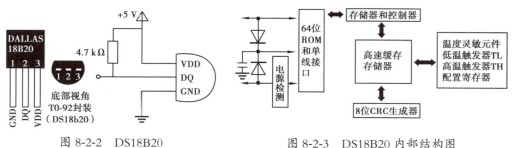

图 8-2-2　DS18B20　　　　　图 8-2-3　DS18B20 内部结构图

二、DS18B20 工作过程

DS18B20 的一般工作过程：初始化→发送 ROM 操作命令→发送存储器操作命令→读写数据。因为是单总线，没有专门的时钟线，所以靠时间隙的长短来表示不同的意义，从而进行读写操作。

1. 初始化时序

单总线上所有器件均以初始化开始。主机发出复位脉冲，接着由从器件回应，即从器件发出存在脉冲，让主器件确认从器件已准备好。初始化总线时序如图 8-2-4 所示。

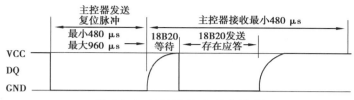

图 8-2-4 DS18B20 初始化过程

首先拉低总线 DQ 480 ～ 960 μs，再拉高等待 15 ～ 60 μs，然后判断总线 DQ 是否为 0，为 0 则有应答（应答脉冲保持时间为 60 ～ 240 μs）。

从拉高总线开始，到读应答，然后等待，合计必须延时 480 μs 以上才能进入下一步——读／写总线。

2. 单总线读／写时序

操作指令及数据读／写时序如图 8-2-5 所示。静态时，总线必须为高电平，所有操作都是由拉低总线开始的，只是保持拉低的时间间隙不一样。

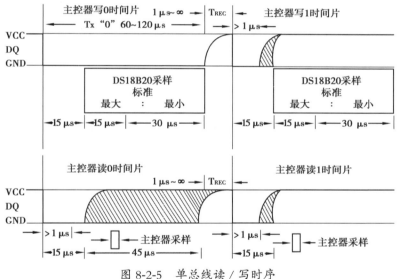

图 8-2-5 单总线读／写时序

主机写 0 时，由高电平拉低总线 60 ～ 120 μs，然后拉高 1 μs 以上；

主机写 1 时，由高电平拉低总线 1 ～ 15 μs，然后拉高 1 μs 以上；

主机读总线时，首先由高拉低作为读开始，总线保持拉低 1 μs 以上。

DS18B20 会在拉低后 15 μs 以内保持有效，所以必须在 15 μs 内拉高总线，接着读总线状态。每一位的总持续时间不得少于 60 μs。

三、数据处理

DS18B20 的缓存由 9 字节组成，如图 8-2-6 所示。

TCL	TCH	TH	TL	配置	保留	保留	保留	CRC
LSB								MSB

图 8-2-6 DS18B20 的缓存

TCL、TCH 为转换后的温度数据的低、高字节数据。当配置为 12 位采样精度时，数值乘以 0.0625 即得实际温度值；

TH、TL 分别为高、低温度超限报警阈值。

配置字节，为定义采样精度，可选 9 ～ 12 位 A/D 转换。位数不同，转换的速度也不同。出厂时被设置为 12 位模式，如图 8-2-7 所示。具体见表 8-2-1 所示。

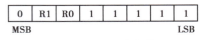

图 8-2-7　配置字节

表 8-2-1　配置细节

R1	R0	功　能
0	0	9 位 A/D，最大转换时间为 93.75 ms
0	1	10 位 A/D，最大转换时间为 187.5 ms
1	0	11 位 A/D，最大转换时间为 375 ms
1	1	12 位 A/D，最大转换时间为 750 ms

四、DS18B20 的操作命令

1.ROM 操作命令

- 读取 ROM［0x33］：可读出 64 位编码；
- 匹配 ROM［0x55］：以此指令对某一个 1820 操作；
- 跳过 ROM［0xCC］：用于总线只有一个 1820；
- 搜索 ROM［0xFO］：用于一次读取多个 1820 的 6 位编码；
- 报警搜索［0xEC］：从多个 1820 中搜索哪个在报警。

2. 存储器操作命令

- 温度转换［0x44］：启动 DS18B20 进行温度转换；
- 读暂存器［0xBE］：读暂存器 9 个字节内容；
- 写暂存器［0x4E］：将数据写入暂存器的 TH、TL 字节；
- 复制暂存器［0x48］：把暂存器的 TH、TL 字节写到 E2RAM 中；
- 调回暂存器［0xB8］：把 E2RAM 中的 TH、TL 字节写到暂存器 TH、TL 字节；
- 读电源供电方［0xB4］：启动 DS18B20 发送电源供电方式的信号给主 CPU。

任务实施 ✏️

一、任务分析

根据电路分析可知：单片机的 P0 端口作为 4 位共阳数码管的数据总线，由两个 74HC573 锁存器分别控制段码和位码。单片机 P2.2 作为 DS18B20 数据传输端口。

DS18B20 驱动函数如下：

- DS18B20 初始化函数：void ds_reset（）；。
- 读 DS18B20 函数：首先读取一位 bit ds_read_bit（）；，再读取一个字节 uchar ds_read_byte（）；。
- 读取温度实现温度转换函数：uint read_temp（）；。

二、程序设计

程序执行流程图如图 8-2-8 所示。

参考程序：

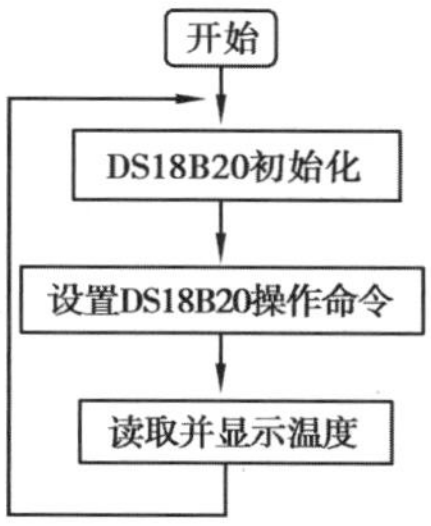

```c
#include <reg51.h>
#include <intrins.h>
#define uchar unsigned char
#define uint unsigned int
#define segdata P0
uchar a［4］;
sbit du=P2^0;
sbit we=P2^1;
sbit DQ=P2^2;
bit flag;
uint temp;
unsigned char segd［］={
0xC0, 0xF9, 0xA4, 0xB0, 0x99, 0x92, 0x82, 0xF8, 0x80, 0x90,
// 不带小数点数字 "0 ~ 9"
0X40, 0X79, 0X24, 0X30, 0X19, 0X12, 0X02, 0X78, 0X00, 0X10,
// 带小数点数字 "0 ~ 9"0XC6
};
/* 函数 */
void delay_ms（uint x）
{
    uchar i;
    while（x--）
    for（i=0; i<123; i++）;
}
void delayus（uint x）
{
    while（x--）;
}
/*seg 写段码函数 */
void writeduan（uchar x）
{
    segdata=x;
    du=1; du=0;
}
/*seg 写位码函数 */
void writewei（uchar x）
{
    segdata=x;
```

图 8-2-8　程序流程图

（流程图：开始 → DS18B20初始化 → 设置DS18B20操作命令 → 读取并显示温度）

```
  we=1; we=0;
}
/*seg 动态显示扫描函数 */
void segdisplay ( )
{
  uchar wei, i;
  wei=0x01;
  for ( i=0; i<8; i++ )
  {writeduan ( segd [ a [ i ] ] ) ;
  writewei ( wei ) ;
  delay_ms ( 1 ) ;
  writewei ( 0x00 ) ;
  wei=wei<<1; }
}
/*18B20 初始化 */
void ds_reset ( )
{
  DQ=1; delayus ( 5 ) ;
  DQ=0; delayus ( 80 ) ;
  DQ=1; delayus ( 14 ) ;
  if ( DQ==0 )
    flag=1;
  else
    flag=0;
  delayus ( 20 ) ;
}
/* 读一位 18B20*/
bit ds_read_bit ( )
{
  bit dat;
  DQ=0;
  _nop_ ( ) ; _nop_ ( ) ;
  DQ=1; _nop_ ( ) ;
  dat=DQ; delayus ( 10 ) ;
  return dat;
}
/* 读一个字节 */
uchar ds_read_byte ( )
{
```

```
    uchar i, j, k;
    for (i=0; i<8; i++)
    {j=ds_read_bit ();
    k= (j<<7) | (k>>1);  }
    return k;
}
```

/* 写一个字节 */

```
void ds_write_byte (uchar dat)
{
    uchar i;
    for (i=0; i<8; i++)
    { DQ=0; _nop_ ();
      DQ=dat&0x01; delayus (6);
      DQ=1; dat=dat>>1; }
      delayus (6);
}
```

/* 读取温度 */

```
uint read_temp ()
{
    uchar a, b;
    ds_reset ();
    ds_write_byte (0xcc);
    ds_write_byte (0xbe);
    a=ds_read_byte ();  // 低 8 位
    b=ds_read_byte ();  // 高 8 位
    temp=b;
    temp=temp<<8;
    temp=temp|a;
    temp=temp*0.0625*10+0.5;
    return temp;
}

void segxian (uint x)
{
    a [0] =x/100;  a [1] =x%100/10+10;
    a [2] =x%10;  a [3] =20;
    segdisplay ();
}
```

/* 主函数 */

```
void main（ ）
{
   while（1）
   {ds_reset（ ）；
    ds_write_byte（0xcc）；
    ds_write_byte（0x44）；
    segxian（read_temp（ ））；}    // 温度监测
}
```

三、电路仿真

1. 绘制电路图

启动 Proteus 软件，建立"电子体温计"文件，放置元器件，所需元器件见表 8-2-2。绘制完成的电路图如图 8-2-9 所示。

表 8-2-2　元件清单

元件名称	库名称	元件名称	库名称
单片机	AT89C51	数字温度传感器	DS18B20
4 位共阳数码管	74EG-MPX4-CA	4.7 kΩ 电阻	RES
锁存器	74HC573	排阻	RESPACK-8

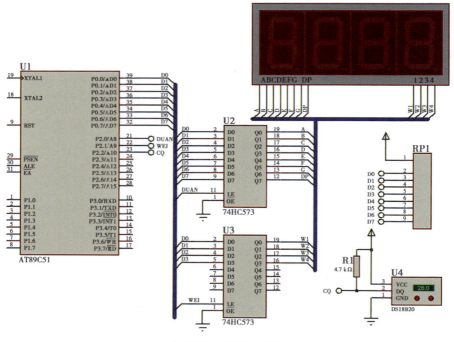

图 8-2-9　绘制电路图

2. 程序编写

打开 Keil 软件，新建"电子体温计的制作与实现"工程文件，新建"DS18B20.c"文件，编写程序，并生成 hex 文件。编写完成的程序如图 8-2-10 所示。

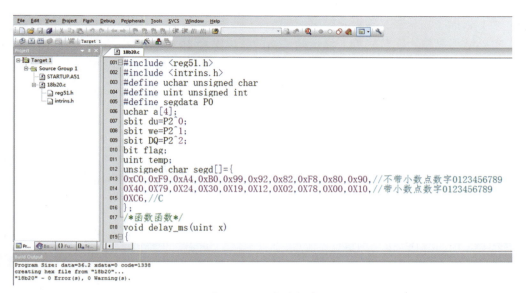

图 8-2-10 编写程序

3. 电路仿真

加载 hex 文件，单击"仿真"按钮，仿真电路。仿真结果如图 8-2-11 所示。

仿真视频

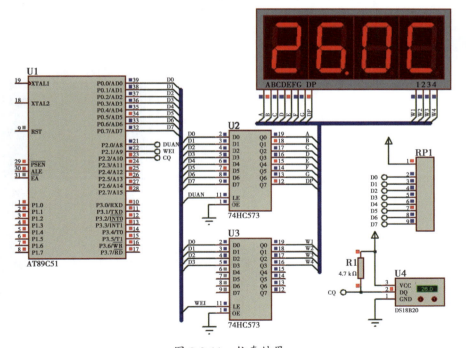

图 8-2-11 仿真结果

仿真结果显示：DS18B20 设置的温度为 26.0 ℃，在数码管上显示了 26.0 ℃。DS18B20 根据外界环境（人体）温度的变化，随时在数码管上显示温度值。

四、单片机开发板操作

①安装 DS18b20 传感器，在安装时仔细查看管脚对应关系。

②连接单片机开发板，并打开电源开关。

③打开程序下载软件，设置"电子体温计"程序的 hex 文件路径。

操作演示

④下载程序，观察实验现象。

实验结果显示，在数码管上显示的是当前环境温度 29.0℃，当用手指捏住 DS18b20 传感器时，显示的温度值升高。利用该传感器可以实时检测环境或物体的温度，为环境温度智能监测系统提供实时数据。

学习评价与总结

一、学习评估

评价内容		自　评	小组评价	教师评价
		优☆　良△　中√　差×		
知识与技能	① 能描述 DS18B20 的工作原理			
	② 能描述 DS18B20 的时序			
	③ 能使用 DS18B20 的指令集			
	④ 能编写电子体温计的 C 程序			
	⑤ 能调试仿真电子体温计的程序电路			
职业素养	① 具有安全用电意识			
	② 安全操作设备			
	③ 笔记记录完整准确			
	④ 符合 "6S" 管理理念			
综合评价				

二、学习总结

（1）你的收获有哪些？

（2）你还有哪些知识没有掌握好？

任务拓展

利用液晶 128*64、DS18B20 设计制作一个带温度显示的日历，完成电路设计及程序设计仿真。液晶 128*64 显示界面如图 8-2-12 所示。

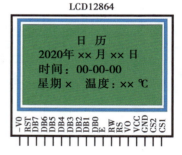

图 8-2-12　显示界面

任务检测

一、填空题

1. DS18B20 的内部有 64 位的 ROM 单元和 9 字节的暂存器单元，其中 64 位 ROM 包含了 DS18B20 的_____。

2. DS18B20 内部 9 个字节的暂存单元中，字节 0 ~ 1 是_____，字节 4 是用来配置_____。

3. DS18B20 在使用 12 位转换精度时，所对应的转换时间是_____。

4. 指令 READ_ROM［33H］是读 ROM// 可读出_____位编码。

二、判断题

1. DS18B20 采用的是单线总线进行数据的传送，且空闲时为低电平。　　　（　　　）

2. 指令［44H］是启动 DS18B20 进行温度转换的命令，转换后的温度值会储存到暂存器字节 0 和 1 中。　　　（　　　）

3. 指令［4EH］将数据从暂存器的 TH、TL 字节中读出。　　　（　　　）

三、综合题

利用 LCD1602、DS18B20 制作电子体温计，完成电路设计及程序仿真。

项目九
单片机控制步进电机

项目描述

据资料统计，如今有90%的动力源来自电动机，我国生产的电能大约有60%用于电动机。电动机与人们的生活密切相关。步进电机作为机电一体化的关键产品之一，是一种将电脉冲信号转换成直线或角位移的控制电机，广泛应用于机器人、数控车床、打印机等工业控制系统中。本项目主要学习通过单片机实现对步进电机的基本控制，主要分为两个任务：任务一控制步进电机的基本运行；任务二控制升降机。通过以上任务的学习，让学生理解通过单片机控制步进电机的基本方法，为从事现代物联网智能家居系统维护及电气控制等方面的工作打下基础。

任务一　控制步进电机的基本运行

任务目标 🖊

◎知识目标：能描述四相六线步进电机的工作过程。

◎技能目标：能编写步进电机的基本运行程序；

　　　　　　能绘制步进电机的控制电路图；

　　　　　　能利用 Proteus 软件仿真和单片机开发板调试程序。

◎素养目标：激发学生的探索求知欲和科技创新精神；

　　　　　　培养学生严谨、认真的职业素养。

任务描述 🖊

单片机控制四相六线步进电机，先正转 5 圈，再反转 5 圈，然后停止。电路原理图如图 9-1-1 所示。

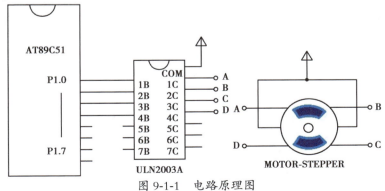

图 9-1-1　电路原理图

知识链接 ✎

一、步进电机的分类

步进电机的种类很多,从广义上讲,步进电机的类型分为机械式、电磁式和组合式3类。电磁式步进电机按结构可分为反应式、永磁式和混合式三大类;其按相数则可分为单相、两相和多相3种。目前使用最广泛的是反应式和混合式步进电机。步进电机如图9-1-2所示。

图 9-1-2　步进电机

● 反应式步进电机(Variable Reluctance,VR):其转子是由软磁材料制成的,转子中没有绕组。它的结构简单,成本低,步距角可以做得很小,但动态性能较差。反应式步进电机有单段式和多段式两种类型。

● 永磁式步进电机(Permanent Magnet,PM):其转子是用永磁材料制成的,转子本身就是一个磁源。转子的极数和定子的极数相同,所以步距角一般比较大。它输出转矩大,动态性能好,消耗功率小(相比反应式),但启动运行频率较低,还需要正负脉冲供电。

● 混合式步进电机(Hybrid,HB):综合了反应式和永磁式两者的优点。混合式与传统的反应式相比,转子加有永磁体,以提供软磁材料的工作点,而定子励磁只需提供变化的磁场而不必提供磁材料的工作点,因此该电机效率高,电流小,发热低。因永磁体的存在,该电机具有较强的反电势,其自身阻尼作用比较好,使其在运转过程中比较平稳、噪声低、低频振动小。这种电动机最初是作为一种低速驱动用的交流同步机设计的,后来发现如果各相绕组通以脉冲电流,这种电动机也能做步进增量运动。由于能够开环运行以及控制系统比较简单,因此这种电机在工业领域中得到广泛应用。

二、步进电机的结构及工作原理

步进电机由定子和转子组成,可以对旋转角度和转动速度进行高精度控制。当电流流过定子绕组时,定子绕组产生一个矢量磁场,该矢量场会带动转子旋转一个角度,使得转子的一对磁极与定子沿着该磁场旋转一个角度。因此,控制电机转子旋转实际上就是以一定的规律控制定子绕组的电流来产生旋转的磁场。每到来一个脉冲电压,转子就旋转一个步距角,称为一步。根据单压脉冲的分配方式,步进电机各相绕组的电流轮流切换,在供给连续脉冲时,就能一步一步地连续转动,从而使电机旋转。电机将电能转换成机械能,步进电机将电脉冲转换成特定的旋转运动。每个脉冲所产生的运动是精确的,并可重复,这就是步进电机为什么在定位应用中如此有效的原因。

　　根据电磁感应定律可知，激励一个线圈绕组将产生一个电磁场，分为北极和南极，如图 9-1-3 所示。定子产生的磁场使转子转动到与定子磁场垂直。通过改变定子线圈的通电顺序可使电机转子产生连续的旋转运动。

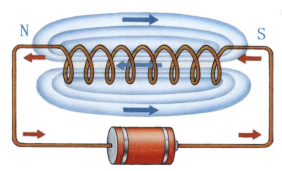

图 9-1-3　电磁感应原理

　　步进电机的基本控制包括转向控制和速度控制两个方面。步进电机分为二相、三相、四相、五相等类型，常用的以二相、四相为主。四相步进电机按照通电顺序的不同，可分为单四拍、双四拍、八拍 3 种工作方式。单四拍与双四拍的步距角相等，但单四拍的转动力矩小。八拍工作方式的步距角是单四拍与双四拍的一半，因此，八拍工作方式既可以保持较高的转动力矩又可以提高控制精度。四相单四拍为 A-B-C-D-A 步距角为 1.8°；四相双四拍为 AB-BC-CD-DA-AB 步距角为 1.8°；四相八拍为 AB-B-BC-C-CD-D-DA-A-AB 步距角为 0.9°。

　　四相步进电机示意图如图 9-1-4 所示，开始时，开关 SB 接通电源，SA、SC、SD 断开，B 相磁极和转子 0、3 号齿对齐，同时，转子的 1、4 号齿和 C、D 相绕组磁极产生错齿，2、5 号齿和 D、A 相绕组磁极产生错齿。当开关 SC 接通电源，SB、SA、SD 断开时，由于 C 相绕组的磁力线和 1、4 号齿之间磁力线的作用，使转子转动，1、4 号齿和 C 相绕组的磁极对齐。而 0、3 号齿和 A、B 相绕组产生错齿，2、5 号齿和 A、D 相绕组磁极产生错齿。依次类推，A、B、C、D 四相绕组轮流供电，则转子会沿着 A、B、C、D 方向转动。

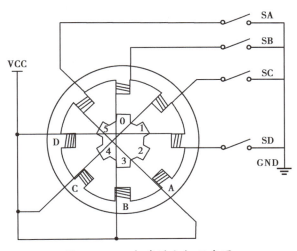

图 9-1-4　四相步进电机示意图

四相单四拍、双四拍与八拍工作方式的电源通电时序与波形分别如图 9-1-5 所示。

图 9-1-5　工作时序图

三、7 路反向器 ULN2003A

ULN2003A 是一个 7 路反向器，如图 9-1-6 所示。当输入端为高电平时，ULN2003A 输出端为低电平，当输入端为低电平时，ULN2003A 输出端为高电平。由于 ULN2003A 是集电极开路输出，为了让这个二极管起到续流作用，必须将 COM 引脚（9）接在负载的供电电源上，只有这样才能够形成续流回路。其广泛应用于步进电机驱动、显示驱动、继电器驱动等电路中。

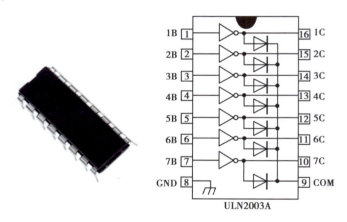

图 9-1-6　7 路反向器 ULN2003A

任务实施 ✐

一、任务分析

本任务中步进电机选用的是六线四相步进电机，为了提高精度，采用四相八拍工作方式，即 A-AB-B-BC-C-CD-D-DA-A，步角为 0.9°，步进电机转一圈需要 400 个脉冲。若步进电机按正序换相通电时，实现正转；如果按反序通电换相 A-AD-D-DC-C-BC-B-BA-A 时，步进电机反转。步进电机正反转编码见表 9-1-1。（A、B、C、D 通过 ULN2003A 连接单片机 P2 端口的低 4 位，高 4 位取"0"）

表 9-1-1　步进电机正反转编码

	正　转								反　转							
A	1	1	0	0	0	0	0	1	1	0	0	0	0	0	1	1
B	0	1	1	1	0	0	0	0	0	0	0	0	1	1	1	0

	正　转								反　转							
C	0	0	0	1	1	1	0	0	0	0	1	1	1	0	0	0
D	0	0	0	0	0	1	1	1	1	1	1	0	0	0	0	0
编码	0x01	0x03	0x02	0x06	0x04	0x0c	0x08	0x09	0x09	0x08	0x0c	0x04	0x06	0x02	0x03	0x01

二、程序设计

程序执行流程图如图 9-1-7 所示。步进电机反转 n 圈时，只需调用反转的数组 "P2 = REV［j］；"即可。

参考程序：

```
#include <reg51.h>
#define uint unsigned int
#define uchar unsigned char
uchar code FFW［］={                          // 正转
    0x01，0x03，0x02，0x06，0x04，0x0c，0x08，0x09，
};
uchar code REV［］={                          // 反转
    0x09，0x08，0x0c，0x04，0x06，0x02，0x03，0x01，
};

void delayms（uint x）
{
    uchar i；
    while（x--）
    for（i=0；i<123；i++）；
}

/* 步进电机正转 n 圈 */
void SETP_MOTOR_FFW（uchar n）
{
    uchar j；
    uint i；
    for（i=0；i<8*n；i++）
    {
        for（j=0；j<8；j++）
        {
            P2 = FFW［j］；
            delayms（30）；
        }
```

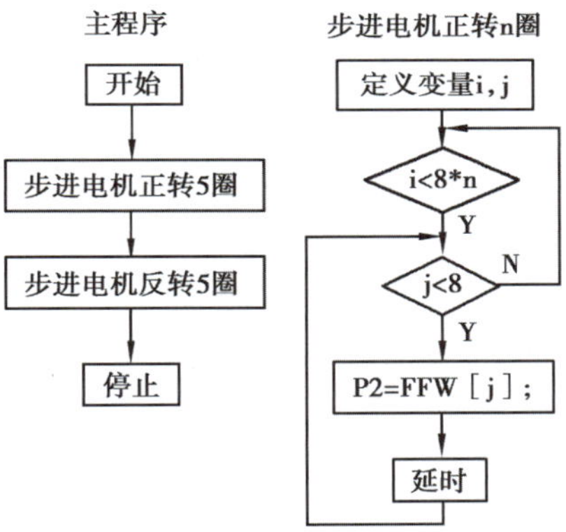

图 9-1-7　程序流程图

```
    }
}
/* 步进电机反转 n 圈 */
void SETP_MOTOR_REV（uchar n）
{
    uchar j;
    uint i;
    for（i=0；i<8*n；i++）
    {
        for（j=0；j<8；j++）
        {
            P2 = REV［j］;
            delayms（30）;
        }
    }
}
void main（）
{
    SETP_MOTOR_FFW（5）;        // 正转 5 圈
    SETP_MOTOR_REV（5）;        // 反转 5 圈
    while（1）;
}
```

三、电路仿真

1. 编写程序

打开 Keli 软件，新建"step"工程文件，新建"step.c"文件，编写程序并生成 hex 文件。编写完成的部分程序如图 9-1-8 所示。

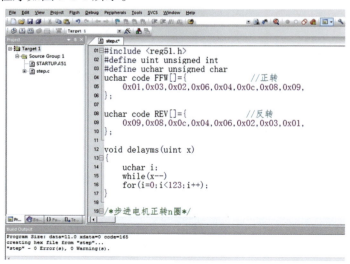

图 9-1-8　编写程序

2. 绘制电路

打开 Proteus 软件，创建"步进电机"文件，放置元器件，所需元件见表 9-1-2。绘制完成的电路图如图 9-1-9 所示。

表 9-1-2 元件清单

元件名称	库名称	元件名称	库名称
单片机	AT89C51	反向器	ULN2003A
步进电机	MOTOR-STEPPER		

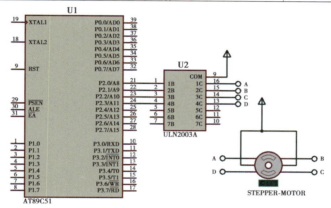

图 9-1-9 绘制电路图

3. 电路仿真

双击单片机，加载 hex 文件，单击"仿真"按钮，进行电路程序仿真，仿真结果如图 9-1-10 所示。

仿真视频

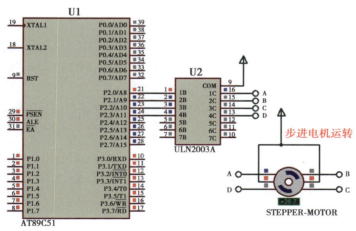

图 9-1-10 仿真结果

仿真结果显示：步进电机正转 5 圈，然后反转 5 圈后停止。

四、单片机开发板操作

①安装步进电机，在安装时仔细查看管脚对应关系。

②连接单片机开发板，并打开电源开关。

③打开程序下载软件，设置"步进电机"程序的 hex 文件路径。

④下载程序，观察实验现象。

操作演示

实验结果显示，步进电机正转 5 圈，再反转 5 圈后停止，步进电机停止后不存在惯性，可以达到精准起停，被广泛应用于工业机器人控制、智能化工厂控制。

学习评价与总结 ✏

一、学习评估

评价内容		自　评	小组评价	教师评价
		优☆　良△　中√　差 ×		
知识与技能	① 能描述四相步进电机的工作过程			
	② 能编写步进电机的基本运行程序			
	③ 能绘制步进电机的控制电路图			
	④ 能调试仿真步进电机的基本运行程序电路			
职业素养	① 具有安全用电意识			
	② 安全操作设备			
	③ 笔记记录完整准确			
	④ 符合 "6S" 管理理念			
综合评价				

二、学习总结

（1）你的收获有哪些？

（2）你还有哪些知识没有掌握好？

任务拓展 ✏

单片机控制四相六线步进电机正转 3 圈，再反转 3 圈，然后停止（工作方式采用四相双四拍）。电路图如图 9-1-1 所示。

提示：四相双四拍工作方式为：AB-BC-CD-DA-AB（正转）；BA-AD-DC-CB-BA（反转）。

任务检测 ✏

一、填空题

1. 从广义上讲，步进电机的类型分为_____、_____和_____三大类型。

2. 八拍工作方式的步距角是单四拍与双四拍的_____，因此，八拍工作方式既可以保持较高的转动力矩又可以提高控制精度。

3. 步进电机的基本控制包括_____控制和_____控制。

4. 电磁式步进电机可分为_____、_____和_____三大类。

5. 反应式步进电机有_____式和_____式两种类型。

6. 步进电机由_____和_____组成，可以对_____和_____进行高精度控制。

7. 四相步进电机按照通电顺序的不同，可分为_____、_____、八拍 3 种工作方式。

8. 单四拍与双四拍的步距角_____，但单四拍的转动力矩小。

9. 四相八拍为 AB-B-BC-C-CD-D-DA-A-AB 步距角为＿＿＿＿＿度。

10. ULN2003A 是一个 7 路＿＿＿＿＿。

二、判断题

1. 四相八拍为 AB-B-BC-C-CD-D-DA-A-AB 步距角为 1.8°。　　　　（　　）

2. 双四拍工作方式为：AB-BC-CD-DA-AB（正转）；BA-AD-DC-CB-BA（反转）。

（　　）

3. 步进电机按相数不同可分为单相、两相和多相 3 种。　　　　（　　）

4. 单四拍与双四拍的步距角不相等。　　　　（　　）

5. 八拍工作方式的步距角是单四拍与双四拍的一半。　　　　（　　）

三、综合题

分别写出步进电机四相单四拍、四相双四拍、四相八拍工作方式的编码。

任务二　制作升降机

任务目标 ✎

◎知识目标：能画出步进电机正反转控制的程序流程图；

　　　　　　能绘制步进电机正反转控制电路图。

◎技能目标：能编写步进电机正反转控制程序；

　　　　　　能利用 Proteus 软件仿真和单片机开发板调试程序。

◎素养目标：培养学生开发单片机应用的兴趣；

　　　　　　培养学生敢想敢干的精神。

任务描述 ✎

利用步进电机制作一个升降机，按键控制升、降及停止过程。电路原理图如图 9-2-1 所示。其功能如下：

当 K1 按下时，步进电机正转、升降机上升，相应的指示灯 D1 亮；

当 K2 按下时，步进电机反转、升降机下降，相应的指示灯 D2 亮；

当 K3 按下时，步进电机停止，升降机停止，相应的指示灯 D3 亮。

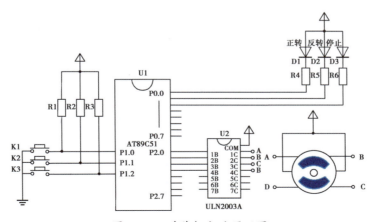

图 9-2-1　升降机电路原理图

任务实施 🖉

一、任务分析

根据图 9-2-1 分析可知，按键 K1、K2、K3 分别控制步进电机的正转、反转及停止。步进电机的运行状态由发光二极管 D1、D2 和 D3 指示。本任务为四相六线步进电机，采用四相八拍的工作方式。其正反转数组编码为：

uchar code FFW [8] ={0x01，0x03，0x02，0x06，0x04，0x0c，0x08，0x09}；// 步进电机正转

uchar code REV [8] ={0x09，0x08，0x0c，0x04，0x06，0x02，0x03，0x01}；// 步进电机反转

二、程序设计

程序执行流程如图 9-2-2 所示。

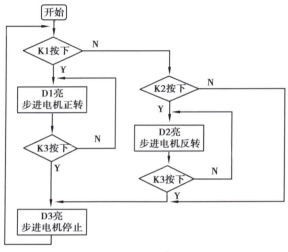

图 9-2-2　程序流程图

参考程序：

```c
#include <reg51.h>
#define uint unsigned int
#define uchar unsigned char
uchar code FFW [ ] ={0x01，0x03，0x02，0x06，0x04，0x0c，0x08，0x09}； // 正转
uchar code REV [ ] ={0x09，0x08，0x0c，0x04，0x06，0x02，0x03，0x01}； // 反转
sbit K1 = P1^0;
sbit K2 = P1^1;
sbit K3 = P1^2;
void DelayMS（uint ms）
{
  uchar i;
  while（ms--）
  {
```

```
        for（i=0；i<123；i++）；
    }
}
/* 步进电机正转 */
void SETP_MOTOR_FFW（ ）
{
    uchar i，j；
    for（i=0；i<50；i++）
    {
        for（j=0；j<8；j++）
        {
            if（K3 == 0）break；          //K3 按下，步进电机停止
            P2 = FFW［j］；
            DelayMS（25）；
        }
    }
}
/* 步进电机反转 */
void SETP_MOTOR_REV（ ）
{
    uchar i，j；
    for（i=0；i<50；i++）
    {
        for（j=0；j<8；j++）
        {
            if（K3 == 0）break；
            P2 = REV［j］；
            DelayMS（25）；
        }
    }
}

void main（ ）
{
    while（1）
    {
        if（K1 == 0）                  //K1 按下，正转
        {
            P0 = 0xfe；
```

```
        SETP_MOTOR_FFW（）;
        if（K3 == 0）break;              //K3 按下，步进电机停止
    }
    else if（K2 == 0）                   //K2 按下，反转
    {
        P0 = 0xfd;                      //D2 亮
        SETP_MOTOR_REV（）;
        if（K3 == 0）break;              //K3 按下，步进电机停止
    }
    else
    {
        P0 = 0xfb;                      //D3 亮
        P2 = 0x00;                      // 步进电机停止
    }
    }
}
```

三、电路仿真

1. 编写程序

打开 Keil 软件，新建 "stepzf" 工程文件，新建 "stepzf.c" 文件，编写程序并生成 hex 文件。编写完成的部分程序如图 9-2-3 所示。

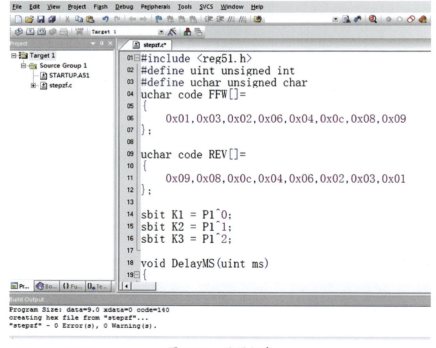

图 9-2-3　编写程序

2. 绘制电路

打开 Proteus 软件,创建"步进电机正反转控制"文件,放置元器件,所需元件见表 9-2-1。绘制完成的电路图如图 9-2-4 所示。

表 9-2-1　元件清单

元件名称	库名称	元件名称	库名称
单片机	AT89C51	发光二极管（绿）	LED-GREEN
步进电机	MOTOR-STEPPER	反向器	ULN2003A
发光二极管（红）	LED-RED	电阻	RES
发光二极管（蓝）	LED-BLUE	按键	BUTTON

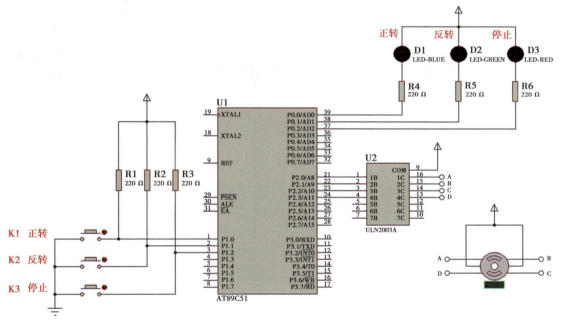

图 9-2-4　编制电路图

3. 电路仿真

双击单片机,加载 hex 文件,单击"仿真"按钮进行仿真,仿真结果如图 9-2-5 所示。

仿真结果显示:初始状态步进电机处于停止状态,停止指示灯亮,按下 K1 时,步进电机开始正转,正转指示灯亮;按下 K3 时,步进电机停止,再按下 K2 时,步进电机开始反转,反转指示灯亮。

四、单片机开发板操作

①安装步进电机,在安装时仔细查看管脚对应关系。

②连接单片机开发板,并打开电源开关。

③打开程序下载软件,设置"升降机"程序的 hex 文件路径。

仿真视频

操作演示

④下载程序，观察实验现象。

实验结果显示，按下 K1 时，步进电机正转，代表升降机做提升动作；按下 K2 时，步进电机反转，代表升降机作下降动作；按下 K3 时，步进电机停止运行。

无论升降机处于何种状态，都伴有安全指示灯提示，工业生产安全无小事，责任大于天。

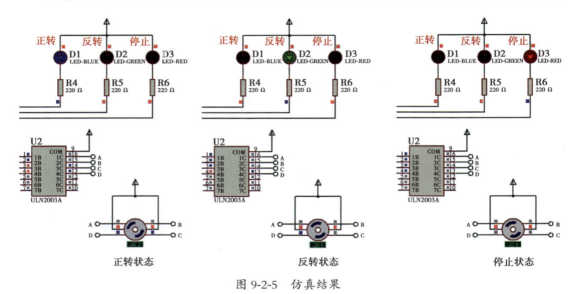

图 9-2-5　仿真结果

学习评价与总结

一、学习评估

评价内容		自　评	小组评价	教师评价
		优☆　良△　中✓　差✕		
知识与技能	①能描述步进电机正反转控制程序流程图			
	②能绘制步进电机正反转控制电路图			
	③能编写步进电机正反转控制程序			
	④能调试仿真进电机正反转控制程序电路			
职业素养	①具有安全用电意识			
	②安全操作设备			
	③笔记记录完整准确			
	④符合"6S"管理理念			
综合评价				

二、学习总结

（1）你的收获有哪些？

（2）你还有哪些知识没有掌握好？

任务拓展

提示：步进电机的基本控制包括转向控制和速度控制。在步进电机控制系统中，如果信号变化太快，步进电机由于惯性跟不上电信号的变化，这时就会产生丢步和堵转现象。

所以，步进电机在启动时，必须有加速过程，在停止时，必须有减速过程。理想的加速曲线一般为指数曲线，步进电机整个减速过程的频率变化规律是整个加速过程频率变化规律的逆过程。选定的曲线比较符合步进电机加减速过程的运行规律，能充分利用步进电机的有效转矩，快速响应性好，缩短加减速的时间，并可防止失步和过冲现象。

在一个实际的控制系统中，要根据负载的情况来选择步进电机。步进电机能响应而不失步的最高步进频率称为启动频率；"停止频率"是指系统控制信号突然中断，步进电机不冲过目标位置的最高步进频率。电机的启动频率、停止频率和输出转矩都要和负载的转动惯量相适应，才能有效地对电机进行加减速控制。

用单片机实现步进电机的加减速控制，实际上就是控制脉冲的频率。加速时，使脉冲频率增高，减速时则相反。如果使用定时中断来控制电机的速度，加减速控制就不断改变定时器的初值。

电路图如图 9-2-1 所示，当 K1 按下时，步进电机加速运转，加速指示灯 D1 亮；当 K2 按下时，步进电机减速运转，减速指示灯 D2 亮；当 K3 按下时，步进电机停止运转，停止指示灯 D3 亮。根据以上功能进行程序设计，并完成程序仿真调试。

任务检测 🖉

综合题

单片机控制四相步进电机，当 K1 按下时，步进电机正转，4 位数码管显示：－－0 0；当 K2 按下时，步进电机反转，4 位数码管显示：－－0 1；当 K3 按下时，步进电机停止，4 位数码管显示：－－－－。根据功能设计程序，并完成程序仿真和调试，电路图如图 9-2-6 所示。

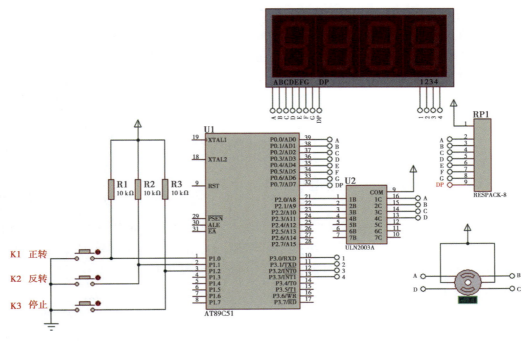

图 9-2-6 电路图

附录

附录一 单片机技能大赛训练试题

一、开关检测器的制作

1. 设计要求

AT89S51 单片机的 P1.4—P1.7 接 4 个开关 S0—S3，P1.0—P1.3 接 4 个发光二极管 LED0—LED3。将 P1.4—P1.7 上的 4 个开关的状态反映在 P1.0—P1.3 引脚控制的 4 个发光二极管上。每个开关的状态对应 1 个相应的发光二极管的状态，例如 P1.4 引脚上开关 S0 的状态，由 P1.0 脚上的 LED0 显示；P1.6 引脚上开关 S2 的状态，由 P1.2 引脚上的 LED2 显示。凡是开关闭合的引脚，把对应的 LED 发光二极管点亮。

2. 原理说明

本题目是掌握单片机的 I/O 口编程。开关闭合与否，通过检测 P1.4—P1.7 引脚上的电平状态，开关闭合为低电平，开关打开为高电平。注意，单片机的 I/O 口作为输入时，一定要先写入"1"。4 个发光二极管点亮与否，由 P1.0—P1.3 输出的电平来控制，输出低电平，点亮发光二极管；输出高电平，熄灭发光二极管。

二、节日彩灯控制器

1. 设计要求

制作一个节日彩灯控制器，通过按下不同的按键来控制 LED 发光二极管的显示规律，在 P1.0—P1.3 引脚上接有 4 个按键 K0—K3，各按键的功能如下：

（1）K0: 开始，按此键彩灯开始由上向下流动显示。

（2）K1: 停止，按此键彩灯停止流动显示，所有灯为暗。

（3）K2: 由上向下，按此键则彩灯由上向下流动显示。

（4）K3: 由下向上，按此键则彩灯由下向上流动显示。

彩灯运行的初始状态是彩灯开始由上向下流动显示。

2. 原理说明

本题目是由按下不同的按键来控制流水灯的一同显示。通过单片机的输入口对键盘扫描，识别出按下的键，再由单片机的输出口控制 LED 显示。通过依次向连接 LED 的 I/O 口送出低电平，即可点亮对应的 LED，从而实现设计要求的功能。

三、单片机实现的顺序控制

1. 设计要求

在工业生产中，利用单片机的数字量输出可实现顺序控制。例如，注塑机工艺过程大致按"合模—注射—延时—开模—产伸—产退"顺序动作，用单片机控制很容易实现。

单片机的 P1.0—P1.6 控制注塑机的 7 道工序，7 道工序用控制 7 只发光二极管的点亮来模拟。设定每道工序时间转换以延时来表示。P3.3 为"故障"开关，合上为故障报警。控制 P1.7 上的音响发出报警声响。报警声响只有在工作期间才会响起，而停止工作期间报警不会响起。

P3.4 印脚上的单刀双掷开关作为"启动"或"停止"开关。设定前 6 道工序只有一位输出，只点亮 1 只发光二极管，第 7 道工序有 3 位同时输出（P1.6、P1.5、P1.4 上的 3 只发光二极管同时点亮）。

2. 原理说明

本题目利用单片机的 P1.0—P1.6 输出的高低电平来控制发光二极管的亮与灭，表示工业生产过程的顺序控制进程，P1.7 输出的高低电平控制是否发出报警声响。P3.3 与 P3.4 作为输入，单片机检测 P3.3 与 P3.4 的输入电平，来判断"故障"开关和工作"启动"或"停止"开关的状态。

四、LCD 电子钟的制作

1. 设计要求

制作一个 LCD 显示的电子钟，在 LCD 显示器上显示当前的时间。

（1）使用字符型 LCD 显示器显示时间。

（2）显示格式为"时时：分分：秒秒"。

（3）用 4 个功能键操作来设置当前时间。功能键 K1—K4 的功能如下：

① K1——进入设置现在的时间。

② K2——修改小时，并显示修改结果。

③ K3——修改分钟，并显示修改结果。

④ K4——确认完成设置。

2. 原理说明

本题目的难点在于处理功能键 K1—K4 的输入，由于每个功能键都具有相应的一种或多种功能，因此程序中需要大量使用 do{}while 或 while{} 循环结构，以检测是否有按键按下的具体功能。

必须注意，程序设计中，小时（hour）、分钟（minute）、秒（second）变量必须置为全局变量，才能如上述函数一样在各处函数中直接进行修改，如为局部变量，则上述形式的直接修改无效。

1602 液晶显示模块以及基于单片机定时器的时钟实现见教材介绍，不再赘述。

五、LED 数码管秒表的制作

1. 设计要求

制作一个 LED 数码管显示的秒表，用 2 位数码管显示计时时间，最小计时单位为"百毫秒"，计时范围为 0.1~9.9s。当第 1 次按下并松开计时功能键时，秒表开始计时并显示时间；第 2 次按下并松开计时功能键时，停止计时，计算两次按下计时功能键的时间，并把时间值送入数码管显示；第 3 次按下计时功能键，秒表清零，等待下一次按下计时功能键。如果计时到 9.9s 时，将停止计时，按下计时功能键，秒表清零，再按下重新开始计时。

2. 原理说明

本秒表应用了 AT89C51 定时器的定时工作模式，计时范围为 0.1~9.9s。此外还涉及如何控制 LED 数码管显示数字的问题，即数码管显示程序的编写。

六、8 位竞赛抢答器的设计

1. 设计要求

设计一个以单片机为核心的 8 位竞赛抢答器，要求如下：

（1）抢答器同时供 8 名选手或 8 个代表队比赛使用，分别用 8 个按钮 S0—S7 表示。

（2）设置一个系统清除和抢答控制开关 S，该开关由主持人控制。

（3）抢答器具有锁存与显示功能。即选手按动按钮，锁存相应的编号，并且优先抢答选手的编号一直保持到主持人将系统清除为止。

（4）抢答器具有定时抢答功能，且一次抢答的时间由主持人设定（如 30s）。当主持人启动"开始"键后，定时器进行减计时，同时扬声器发出短暂的声响，声响持续的时间为 0.5s 左右。

（5）参赛选手在设定的时间内进行抢答，抢答有效，定时器停止工作，显示器上显示选手的编号和抢答剩余时间，并保持到主持人系统清除为止。

（6）如果定时时间已到，无人抢答，本次抢答无效，系统报警并禁止抢答，定时显示器上显示 00。

2. 原理说明

通过键盘改变抢答的时间，原理与闹钟时间的设定相同，将定时时间的变量置为全局变量后，通过键盘扫描程序使每按下一次按键，时间加 1（超过 30 时置 0）。同时单片机不断进行按键扫描，当参赛选手的按键按下时，用于产生时钟信号的定时计数器停止计数，同时将选手编号（按键号）和抢答时间分别显示在 LED 上。

七、用定时器设计的门铃

1. 设计要求

用定时器控制蜂鸣器模拟发出叮咚的门铃声，"叮"的声音用较短定时形成较高频率，"咚"的声音用较长定时形成较低频率，仿真电路加入虚拟示波器，按下按键时除听到门铃声外，还会从示波器的屏幕上观察到两种声响的不同脉宽。

2. 原理说明

本题目设计需要一个蜂鸣器和一个开关，再配合相应的软件就可以实现。软件设计时，采用定时器中断来控制响铃。

当按下开关时，开启中断，定时器溢出进入中断后，在软件中以标志位 i 来判断门铃的声音，开始响铃。先是"叮"，标志位 i 加 1，延时后接着是"咚"，标志位 i 加 1，然后是关中断。测铃响脉宽也是以标志位 i 来识别"叮咚"。当 i 为 0 时，给示波器 A 通道高电平；i 为 2 时，给示波器 B 通道高电平。

八、基于 DS18b20 的数字温度计设计

1. 设计要求

利用数字温度传感器 DS18b20 与 AT89C51 单片机结合来测量温度，并在 LED 数码管上显示相应的温度值。温度测量范围为 –55℃ ~ 125℃，精确到 0.5℃。测量的温度采用数字显示，用 3 位共阳极 LED 数码管以串口传送数据，来实现温度显示。

2. 原理说明

DS18820 温度传感器是美国 DALLAS 半导体公司最新推出的一种改进型的具有单总

线接口的智能温度传感器，与传统的热敏电阻等测温元件相比，它能直接读出被测温度，并且可根据实际要求通过简单的编程实现 9 ～ 12 位的数字读数方式。

D818B20 的性能如下：

（1）总线接口，仅需要一个引脚与单片机进行通信。

（2）多个 18B20 均可挂在单总线上，实现多点测温功能。

（3）可通过数据线供电，电压范围为 3.0V ～ 5.5V。

（4）温度采用 9 或 12 位的数字读数方式。

（5）用户可定义报警设置。

（6）报警搜索命令识别并标志超过程序限定温度（温度报警条件）的器件。

（7）负电压特性，电源极性接反时，温度计不会因发热而烧毁，但不能正常工作。

（8）DS18B20 采用 3 引脚 PR–35 封装或 8 引脚 SOIC 封装。

九、8×8LED 点阵屏模仿电梯运行的楼层显示

1. 设计要求

设计采用单片机控制 8×8LED 点阵屏来模仿电梯运行的楼层显示装置。

单片机的 P1 口的 8 只引脚接有 8 只按键开关 K1—K8，这 8 只按键开关 K1—K8 分别代表 1 楼—8 楼。如果某一楼层的按键按下，单片机控制的点阵屏将从当前位置向上或向下平滑滚动显示到指定楼层的位置。

2. 原理说明

电梯初始显示 0。单片机的 P1 口的 8 只引脚接有 8 只按键开关 K1—K8，这 8 只按键开关 K1—K8 分别代表 1 楼—8 楼。如果按下代表某一楼层的按键，单片机控制的点阵屏将从当前位置向上或向下平滑滚动显示到指定楼层的位置。

在上述功能的基础上，向电路中添加 LED 指示灯和蜂鸣器，使系统可以同时识别依次按下的多个按键，在到达指定位置后蜂鸣器发出短暂声音且 LED 闪烁片刻，数字继续滚动显示。例如，当前位置在 1 层时，用户依次按下 6、5 时，则数字分别向上滚动到 5、6 时暂停且 LED 闪烁片刻，同时蜂鸣器发出提示音。如果在待去的楼层的数字中，有的在当前运行的反方向，则数字先在当前方向运行完毕后，再依次按顺序前往反方向的数字位置。

用 P2 口做 8×8 点阵的行选通，P1 口完成按键的读取及确认。

十、电话键盘及拨号的模拟

1. 设计要求

设计一个模拟电话拨号的显示装置，即把电话键盘中拨出的某一电话号码，显示在 LCD 显示屏上。电话键盘共有 12 个键，除了 0—9 这 10 个数字键外，还有"*"键用于实现删除功能，即删除一位最后输入的号码；"#"键用于清除显示屏上所有的数字显示。还要求每按下一个键要发出声响，以表示按下该键。

2. 原理说明

本题目涉及单片机与 4×3 矩阵式键盘的接口设计以及单片机与 16×2 的液晶显示屏的接口设计，以及如何驱动蜂鸣器。液晶显示屏采用 LM016L (LCD1602) LCD，显示共 2 行，每行 16 个字符。第 1 行为设计者信息，第 2 行开始显示所拨的电话号码，最多为 16 位（因为 LCD 的一行能显示 16 个字符）。

附录二 "1+X"物联网单片机应用与开发职业技能等级证书考试模拟题

一、填空题

1. 设 X=5AH，Y=36H，则 X 与 Y 的"或"运算为 _____，X 与 Y 的"异或"运算为 _____。

2. 若机器的字长为 8 位，X=17，Y=35，则 X+Y=_____，X–Y=_____（要求结果写出二进制形式）。

3. 单片机的复位操作是 _____（填"高电平"或"低电平"），单片机复位后，堆栈指针 SP 的值是 _____。

4. 在单片机中，常用作地址锁存器的芯片是 _____，常用作地址译码器的芯片是 _____。

5. 若选择内部程序存储器，应该设置为 _____（填"高电平"或"低电平"），那么，PSEN 信号的处理方式为 _____。

6. 单片机程序的入口地址是 _____，外部中断 1 的入口地址是 _____。

7. 若采用 6MHz 的晶体振荡器，则 MCS–51 单片机的振荡周期为 _____，机器周期为 _____。

8. 外围扩展芯片的选择方法有两种，它们分别是 _____ 和 _____。

9. 在单片机的内部 RAM 区中，可以位寻址的地址范围是 _____，在特殊功能寄存器中，可位寻址的地址是能被 8 整除的地址是 _____。

10. 子程序返回指令是 _____，中断子程序返回指令是 _____。

11. 8051 单片机的存储器的最大特点是内部 _____ 与外部 _____ 分开编址。

12. 8051 最多可以有 _____ 个并行输入输出口，最少也可以有 _____ 个并行口。

13. _____ 是 C 语言的基本单位。

14. 串行口方式 2 接收到的第 9 位数据送 _____ 寄存器的 _____ 位中保存。

15. MCS–51 内部提供 _____ 个可编程的 _____ 位定时 / 计数器，定时器有 _____ 种工作方式。

16. 一个函数由两部分组成，即 _____ 和 _____。

17. 串行口方式 3 发送的第 9 位数据要事先写入 _____ 寄存器的 _____ 位。

18. 利用 8155H 可以扩展 _____ 个并行口，_____ 个 RAM 单元。

19. C 语言中输入和输出操作是由库函数 _____ 和 _____ 等函数来完成。

20. 若 MCS-51 单片机的程序状态字 PSW 中的 RS1,RS0=11,那么工作寄存器 R0-R7 的直接地址为 _____。

12. 当 EA 接地时，MCS-51 单片机将从 _____ 的地址 0000H 开始执行程序。

13. 微处理器包括两个主要部分即 _____ 和 _____。

14. 若串口传送速率是每秒 120 个字符，每个字符 10 位，则波特率是 _____。

15. MCS-51 系列单片机对外有 3 条总线，分别是 _____、_____ 和 _____。

16. 十六进制数 AA 转换为十进制数的结果是 _____，二进制数 10110110 转换为十六进制数的结果是 _____。

17. 计算机（微处理器）能够直接识别并执行的语言是 _____。

18. 编写子程序和中断服务程序时，必须注意现场的 _____ 和 _____。

二、选择题

1. C 语言中最简单的数据类型包括（ ）。

A. 整型、实型、逻辑型   B. 整型、实型、字符型

C. 整型、字符型、逻辑型   D. 整型、实型、逻辑型、字符型

2. 当 MCS-51 单片机接有外部存储器，P2 口可作为 （ ）。

A. 数据输入口   B. 数据输出口

C. 准双向输入／输出口   D. 输出高 8 位地址

3. 下列描述中正确的是（ ）。

A. 程序就是软件

B. 软件开发不受计算机系统的限制

C. 软件既是逻辑实体，又是物理实体

D. 软件是程序、数据与相关文档的集合

4. 下列计算机语言中，CPU 能直接识别的是（ ）。

A. 自然语言   B. 高级语言   C. 汇编语言   D. 机器语言

5. MCS-51 单片机的堆栈区是设置在（ ）。

A. 片内 ROM 区   B. 片外 ROM 区   C. 片内 RAM 区   D. 片外 RAM 区

6. 以下叙述中正确的是（ ）。

A. 用 C 语言实现的算法必须要有输入和输出操作

B. 用 C 语言实现的算法可以没有输出但必须要有输入

C. 用 C 程序实现的算法可以没有输入但必须要有输出

D. 用 C 程序实现的算法可以既没有输入也没有输出

7. 定时器／计数器工作方式 1 是（ ）。

A. 8 位计数器结构   B. 2 个 8 位计数器结构

C. 13 位计数结构   D. 16 位计数结构

8. C 语言提供的合法的数据类型关键字是（　　）。

A. Double　　　　　　　　B.short　　　　　　C.integer　　　　　　D.Char

9. 片内 RAM 的 20H ～ 2FH 为位寻址区，所包含的位地址是（　　）。

A.00H ～ 20H　　　　　　B.00H ～ 7FH　　C.20H ～ 2FH　　　　D.00H ～ FFH

10. 以下能正确定义一维数组的选项是（　　）。

A. int a[5]={0,1,2,3,4,5};　　　　　　　　B.char a[ ]={0,1,2,3,4,5};

C. char a={'A','B','C'};　　　　　　　　　D.int a[5]="0123";

11. 数据的存储结构是指（　　）。

A. 存储在外存中的数据　　　　　　　　B. 数据所占的存储空间量

C. 数据在计算机中的顺序存储方式　　　D. 数据的逻辑结构在计算机中的表示

12. 下列关于栈的描述中错误的是（　　）。

A. 栈是先进后出的先性表

B. 栈只能顺序存储

C. 栈具有记忆作用

D. 对栈的插入和删除操作中，不需要改变栈底指针

13. 在寄存器间接寻址方式中，间址寄存器中存放的数据是（　　）。

A. 参与操作的数据　　　　　　　　　B. 操作数的地址值

C. 程序的转换地址　　　　　　　　　D. 指令的操作码

14. MCS-51 单片机的复位信号是（　　）有效。

A. 高电平　　　　　　　　B. 低电平　　　　C. 脉冲　　　　　　D. 下降沿

15. 为了使模块尽可能独立，要求（　　）。

A. 模块的内聚程度要尽量高，且各模块间的耦合程度要尽量强

B. 模块的内聚程度要尽量高，且各模块间的耦合程度要尽量弱

C. 模块的内聚程度要尽量低，且各模块间的耦合程度要尽量弱

D. 模块的内聚程度要尽量低，且各模块间的耦合程度要尽量强

16. 若 MCS-51 单片机使用晶振频率为 6MHz 时，其复位持续时间应该超过（　　）。

A.2μs　　　　　　　　　B.4μs　　　　　C.8μs　　　　　　　D.1ms

17. 以下选项中可作为 C 语言合法常量的是（　　）

A. -80　　　　　　　　　B.-080　　　　　C.-8e1.0　　　　　D.-80.0e

18. 能够用紫外光擦除 ROM 中程序的只读存储器称为（　　）。

A. 掩膜 ROM　　　　　　B.PROM　　　　　C.EPROM　　　　　D.EEPROM

19. 以下不能定义为用户标识符是（　　）。

A. Main　　　　　　　　B._0　　　　　　C._int　　　　　　D.sizeof

20. 以下选项中，不能作为合法常量的是（　　）。

A. 1.234e04　　　B.1.234e0.4　　　　　C.1.234e+4　　　　D.1.234e0

21. 以下叙述中错误的是（　　）。

A. 对于 double 类型数组，不可以直接用数组名对数组进行整体输入或输出

B. 数组名代表的是数组所占存储区的首地址，其值不可改变

C. 当程序执行过程中，数组元素的下标超出所定义的下标范围时，系统将给出"下标越界"的出错信息

D. 可以通过赋初值的方式确定数组元素的个数

22. 以下与函数 fseek(fp,0L,SEEK_SET) 有相同作用的是（　　）。

A. feof(fp)　　　　　　　B.ftell(fp)　　　　　　　C.fgetc(fp)　　　　　　D.rewind(fp)

23. 存储 16×16 点阵的一个汉字信息，需要的字节数为（　　）。

A. 32　　　　　　　B. 64　　　　　　　C.128　　　　　　　D. 256

24. 已知 1 只共阴极 LED 显示器，其中 a 笔段为字形代码的最低位，若需显示数字 1，则它的字形代码应为（　　）。

A. 06H　　　　　　B.F9H　　　　　　C.30H　　　　　　D.CFH

25. 在 C 语言中，合法的长整型常数是（　　）。

A. OL　　　　　　B.4962710　　　　　　C.324562&　　　　D.216D

26. 以下选项中合法的字符常量是（　　）。

A. "B"　　　　　　B.'\010'　　　　　　C.68　　　　　　D.D

27. 若 PSW.4=0，PSW.3=1，要想把寄存器 R0 的内容入栈，应使用（　　）指令。

A. PUSH R0　　　　B.PUSH @R0　　　　C.PUSH 00H　　　　D.PUSH 08H

28. 在片外扩展一片 2764 程序存储器芯片要（　　）地址线。

A. 8 根　　　　　　B.13 根　　　　　　C.16 根　　　　　　D.20 根

29. 设 MCS-51 单片机晶振频率为 12MHz，定时器作计数器使用时，其最高的输入计数频率应为（　　）。

A. 2MHz　　　　　B.1MHz　　　　　C.500kHz　　　　　D.250kHz

30. 下列数据字定义的数表中，（　　）是错误的。

A. DW "AA"　　　B.DW "A"　　　　C.DW "OABC"　　　D.DW OABCH

31. MCS-51 单片机有片内 ROM 容量（　　）。

A.4KB　　　　　　B.8KB　　　　　　C.128B　　　　　　D.256B

32. MCS-51 单片机的位寻址区位于内部 RAM 的（　　）单元。

A. 00H—7FH　　　B.20H—7FH　　　C.00H—1FH　　　D.20H—2FH

33. MCS-51 单片机的串行中断入口地址为（　　）。

A. 0003H　　　　　B.0013H　　　　　C.0023H　　　　　D.0033H

34. MCS-51 单片机的最小时序定时单位是（　　）。

A. 状态　　　　　　B. 拍节　　　　　　C. 机器周期　　　　D. 指令周期

35. 单片机的程序计数器（PC）是 16 位的，其寻址范围是（　　）。

A. 128 B　　　　　B.256 B　　　　　C.8 KB　　　　　D.64 KB

36. 某存储器芯片有 12 根地址线，8 根数据线，该芯片有（　　）个存储单元。

A. 1 KB　　　　　　B.2 KB　　　　　　C.3 KB　　　　　　D.4 KB

三、判断题

（　）1. 在对某一函数进行多次调用时，系统会对相应的自动变量重新分配存储单元。

（　）2. 在 C 语言的复合语句中，只能包含可执行语句。

（　）3. 自动变量属于局部变量。

（　）4. Continue 和 break 都可用来实现循环体的中止。

（　）5. 字符常量的长度肯定为 1 。

（　）6. 在 MCS–51 系统中，一个机器周期等于 1.5μs。

（　）7. C 语言允许在复合语句内定义自动变量。

（　）8. 若一个函数的返回类型为 void，则表示其没有返回值。

（　）9. 所有定义在主函数之前的函数无须进行声明。

（　）10. 定时器与计数器的工作原理均是对输入脉冲进行计数。

（　）11. END 表示指令执行到此结束。

（　）12. ADC0809 是 8 位逐次逼近式模 / 数转换接口。

（　）13. MCS–51 的相对转移指令最大负跳距是 127B。

（　）14. MCS–51 的程序存储器只是用来存放程序的。

（　）15. TMOD 中的 GATE=1 时，表示由两个信号控制定时器的启停。

（　）16. MCS–51 的特殊功能寄存器分布在 60H~80H 地址范围内。

（　）17. MCS–51 系统可以没有复位电路。

（　）18. 片内 RAM 与外部设备统一编址时，需要专门的输入 / 输出指令。

（　）19. 锁存器、三态缓冲寄存器等简单芯片中没有命令寄存和状态寄存等功能。

（　）20. 使用 8751 且 =1 时，仍可外扩 64KB 的程序存储器。

四、简答题

1. 在使用 8051 的定时器 / 计数器前，应对它进行初始化，其步骤是什么？

2. 什么是重入函数？重入函数一般在什么情况下使用，使用时有哪些需要注意的地方？

3. 8051 引脚有多少根 I/O 线？它们和单片机对外的地址总线和数据总线有什么关系？地址总线和数据总线各是几位？

4. 在有串行通信时，定时器 / 计数器 1 的作用是什么，怎样确定串行口的波特率？

5. 如何消除键盘的抖动？怎样设置键盘中的复合键？

五、综合题

1. 用软件延时方式，使接在 P1 口的 8 个发光二极管轮流点亮（低电平点亮），实现流水灯效果。

2. 设 MCS–51 单片机使用的晶振是 12MHz，欲用定时器 / 计数器 0 实现 30ms 定时中断，在 P1.0 产生周期为 60ms 的方波。

（1）计算 TH0 和 TL0 的值；

（2）确定寄存器 TMOD、TCON 和 IE 的值（寄存器中跟本题无关位取值为 0）；

（3）编写主程序和中断服务程序。

附录三　单片机系统开发流程

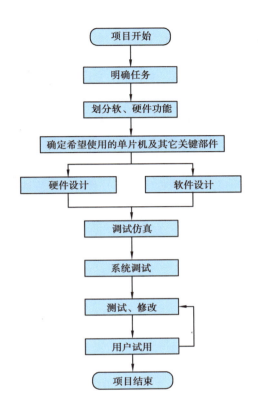

1. 明确任务

分析和了解项目的总体要求，并综合考虑系统使用环境、可靠性要求、可维护性及产品的成本等因素，制订出可行的性能指标。

2. 划分软、硬件功能

单片机系统由软件和硬件两部分组成。在应用系统中，有些功能既可由硬件来实现，也可以用软件来完成。硬件的使用可以提高系统的实时性和可靠性；使用软件实现，可以降低系统成本，简化硬件结构。因此在总体考虑时，必须综合分析以上因素，合理地制定硬件和软件任务的比例。

3. 确定希望使用的单片机及其他关键部件

根据硬件设计任务，选择能够满足系统需求并且性价比高的单片机及其他关键器件，如 A/D 转换器、D/A 转换器、传感器、放大器等，这些器件需要满足系统精度、速度以及可靠性等方面的要求。

4. 硬件设计

根据总体设计要求，以及选定的单片机及关键器件，利用 Protel 等软件设计出应用系统的电路原理图。

5. 软件设计

在系统整体设计和硬件设计的基础上，确定软件系统的程序结构并划分功能模块，然后进行各模块程序设计。

6. 调试仿真

软件和硬件设计结束后，需要进入两者的整合调试阶段。为避免浪费资源，在生成实际电路板之前，可以利用 Keil C51 和 Proteus 软件进行系统仿真，出现问题可以及时修改。

7. 系统调试

完成系统仿真后，利用 Protel 等绘图软件，根据电路原理图绘制 PCB(Printed Circuit Board) 印刷电路板图，然后将 PCB 图交给相关厂商生产电路板。拿到电路板后，为便于更换器件和修改电路，可首先在电路板上焊接所需芯片插座，并利用编程器将程序写入单片机。

接下来将单片机及其他芯片插到相应的芯片插座中，接通电源及其他输入、输出设备，进行系统联调，直至调试成功。

8. 测试修改、用户试用

经测试检验符合要求后，将系统交给用户试用，对于出现的实际问题进行修改完善，系统开发完成。